国家出版基金项目
NATIONAL PUBLICATION FOUNDATION

『十三五』国家重点出版物出版规划项目

The Art of
Chinese
Silks

HAN, WEI, JIN,
SOUTHERN
AND
NORTHERN
DYNASTIES

中国历代丝绸艺术

汉魏

赵　丰 ◎ 总主编

王　乐 ◎ 著

浙江大学出版社
ZHEJIANG UNIVERSITY PRESS

　　2018 年，我们"中国丝绸文物分析与设计素材再造关键技术研究与应用"的项目团队和浙江大学出版社合作出版了国家出版基金项目成果"中国古代丝绸设计素材图系"（以下简称"图系"），又马上投入了再编一套 10 卷本丛书的准备工作中，即国家出版基金项目和"十三五"国家重点出版物出版规划项目成果"中国历代丝绸艺术丛书"。

　　以前由我经手所著或主编的中国丝绸艺术主题的出版物有三种。最早的是一册《丝绸艺术史》，1992 年由浙江美术学院出版社出版，2005 年增订成为《中国丝绸艺术史》，由文物出版社出版。但这事实上是一本教材，用于丝绸纺织或染织美术类的教学，分门别类，细细道来，用的彩图不多，大多是线描的黑白图，适合学生对照查阅。后来是 2012 年的一部大书《中国丝绸艺术》，由中国的外文出版社和美国的耶鲁大学出版社联合出版，事实上，耶鲁大学出版社出的是英文版，外文出版社出的是中文版。中文版由我和我的老师、美国大都会艺术博物馆亚洲艺术部主任屈志仁先生担任主编，写作由国内外七八位学者合作担纲，书的内容翔实，图文并茂。但问题是实在太重，一般情况下必须平平整整地摊放在书桌上翻阅才行。第三种就是我们和浙江大学出版社合作的"图系"，共有10卷，此外还包括2020年出版的《中国丝绸设计（精选版）》，用了大量古代丝绸文物的复原图，经过我们的研究、拼合、复原、描绘等过程，呈现的是一幅幅可用于当代工艺再设计创作的图案，比较适合查阅。如今，如果我们想再编一套不一样的有关中国丝绸艺术史的出版物，我希望它是一种小手册，类似于日本出版的美术系列，有一个大的统称，却基本可以按时代分成10卷，每一卷都便于写，便于携，便于读。于是我们便有了这一套新形式的"中国历代丝绸艺术丛书"。

当然，这种出版物的基础还是我们的"图系"。首先，"图系"让我们组成了一支队伍，这支队伍中有来自中国丝绸博物馆、东华大学、浙江理工大学、浙江工业大学、安徽工程大学、北京服装学院、浙江纺织服装职业技术学院等的教师，他们大多是我的学生，我们一起学习，一起工作，有着比较相似的学术训练和知识基础。其次，"图系"让我们积累了大量的基础资料，特别是丝绸实物的资料。在"图系"项目中，我们收集了上万件中国古代丝绸文物的信息，但大部分只是把复原绘制的图案用于"图系"，真正的文物被隐藏在了"图系"的背后。再次，在"图系"中，我们虽然已按时代进行了梳理，但因为"图系"的工作目标是对图案进行收集整理和分类，所以我们大多是按图案的品种属性进行分卷的，如锦绣、绒毯、小件绣品、装裱锦绫、暗花，不能很好地反映丝绸艺术的时代特征和演变过程。最后，我们决定，在这一套"中国历代丝绸艺术丛书"中，我们就以时代为界线，将丛书分为 10 卷，几乎每卷都有相对明确的年代，如汉魏、隋唐、宋代、辽金、元代、明代、清代。为更好地反映中国明清时期的丝绸艺术风格，另有宫廷刺绣和民间刺绣两卷，此外还有同样承载了关于古代服饰或丝绸艺术丰富信息的图像一卷。

从内容上看，"中国历代丝绸艺术丛书"显得更为系统一些。我们勾画了中国各时期各种类丝绸艺术的发展框架，叙述了丝绸图案的艺术风格及其背后的文化内涵。我们梳理和剖析了中国丝绸文物绚丽多彩的悠久历史、深沉的文化与寓意，这些丝绸文物反映了中国古代社会的思想观念、宗教信仰、生活习俗和审美情趣，充分体现了古人的聪明才智。在表达形式上，这套丛书的文字叙述分析更为丰富细致，更为通俗易读，兼具学术性与普及性。每卷还精选了约 200 幅图片，以文物图为主，兼收纹样复原图，使此丛书与"图系"的区别更为明确一些。我们也特别加上了包含纹样信息的文物名称和出土信息等的图片注释，并在每卷书正文之后尽可能提供了图片来源，便于读者索引。此外，丛书策划伊始就确定以中文版、英文版两种形式出版，让丝绸成为中国文化和海外文化相互传递和交融的媒介。在装帧风格上，有别于"图系"那样的大开本，这套丛书以轻巧的小开本形式呈现。一卷在手，并不很大，方便携带和阅读，希望能为读者朋友带来新的阅读体验。

我们团队和浙江大学出版社的合作颇早颇多，这里我要感谢浙江大学出版社前任社长鲁东明教授。东明是计算机专家，却一直与文化遗产结缘，特别致力于丝绸之路石窟寺观壁画和丝绸文物的数字化保护。我们双方从 2016 年起就开始合作建设国家文化产业发展专项资金重大项目"中国丝绸艺术数字资源库及服务平台",希望能在系统完整地调查国内外馆藏中国丝绸文物的基础上,抢救性高保真数字化采集丝绸文物数据,以保护其蕴含的珍贵历史、文化、艺术与科技价值信息,结合丝绸文物及相关文献资料进行数字化整理研究。目前,该平台项目已初步结项,平台的内容也越来越丰富,不仅有前面提到的"图系",还有关于丝绸的博物馆展览图录、学术研究、文献史料等累累硕果,而"中国历代丝绸艺术丛书"可以说是该平台项目的一种转化形式。

中国丝绸的丰富遗产不计其数,特别是散藏在世界各地的中国丝绸,有许多尚未得到较完整的统计和保护。所以,我们团队和浙江大学出版社仍在继续合作"中国丝绸海外藏"项目,我们也在继续谋划"中国丝绸大系",正在实施国家重点研发计划项目"世界丝绸互动地图关键技术研发和示范",此丛书也是该项目的成果之一。我相信,丰富精美的丝绸是中国发明、人类共同贡献的宝贵文化遗产,不仅在讲好中国故事,更会在讲好丝路故事中展示其独特的风采,发挥其独特的作用。我也期待,"中国历代丝绸艺术丛书"能进一步梳理中国丝绸文化的内涵,继承和发扬传统文化精神,提升当代设计作品的文化创意,为从事艺术史研究、纺织品设计和艺术创作的同仁与读者提供参考资料,推动优秀传统文化的传承弘扬和振兴活化。

中国丝绸博物馆　赵　丰

2020 年 12 月 7 日

中西融合——汉魏时期的丝绸技术

汉代的东西交通多由陆路，分南北两途，经由中国西部以达安息（伊朗）、天竺（印度）、大秦（古罗马）。《汉书》卷九十六"西域传"记载："自玉门、阳关出西域有两道。从鄯善傍南山北，波河西行至莎车，为南道；南道西逾葱岭，则出大月氏、安息。自车师前王廷随北山，波河西行至疏勒，为北道；北道西逾葱岭则出大宛、康居、奄蔡、焉（耆）。"①这两条中西交通大道就成为后来著名的"丝绸之路"。丝绸之路开通之后，中国与国外的纺织文化交流十分频繁，丝绸之路上的重要贸易物品之一就是丝绸。丝绸也是联系中国和其周边国家的重要纽带，是反映中国通过丝绸之路给沿途带来变化的最具代表性的物质之一。

秦汉时期的织机较商周时期有了很大的进步，有织造素织

---

① 班固.汉书.北京：中华书局，2007：961.

的斜织机和织造纹织物的提花机。锦的生产在汉代达到高峰，当时全国有三个丝绸生产中心，均产织锦：一是首都长安的东织室和西织室，生产高档的丝绸；二是山东临淄一带，一直以产锦而著名，并设有"三服官"专门管理官营织造；三是成都，汉代在成都设"锦官"，管理织锦业。魏晋南北朝时期，踏板织机依然使用，马钧对多综多蹑机进行了改革，织造图案更复杂的暗花绫。①北方依然是丝织品的主要产区，山东、河北、河南是主要丝织品供应区。蜀汉时，除官府设有锦官，掌管蜀锦的织造外，民间织锦业也相当普遍。蚕桑业与丝织技术逐渐传播到江南，丝织业较之前代有了显著发展。

从战国时期开始，锦就通过丝绸之路传到了西方。到了汉晋时期，丝绸之路沿线，包括蒙古的诺因乌拉、叙利亚的帕尔米拉等地都发现了来自中国的平纹经锦。与此同时，丝绸之路上西方的织工开始尝试仿制锦，这种尝试在中国的西北地区以及中亚、西亚都有发生。最早的仿制品是平纹经二重的锦绦，主要出土自新疆营盘、楼兰地区，年代约为3至4世纪。它们一般宽1.5至2.5厘米，图案为具有中国风格的动物纹或几何纹。与平纹经二重的锦绦相比，平纹纬锦在东西方纺织文化交流中起到了更为重要的作用。中国西北地区出土的丝质平纹纬锦主要有两类，一类由风格粗犷的加捻丝线织成，另一类则由质量较好的平直丝线织成。前一类主要出土自新疆营盘、扎滚鲁克、吐鲁番和花海等地，年代约为4世纪末到6世纪末，图案色彩通常为红、黄、白，风格

---

① 刘歆.西京杂记.葛洪，辑.北京：中国书店，2019：10.

相似，多为简单的动物云气纹，有时辅以田字、四瓣朵花或几何纹。后一类主要发现于吐鲁番，年代较前一类晚，大部分为 6 世纪至 7 世纪早期。这些锦很可能是当时文书记载的新疆当地生产的龟兹锦、疏勒锦和高昌锦，其图案是对平纹经锦的模仿，但图案循环从经向的循环转变成了纬向循环。

　　汉代丝绸最典型的图案为云气动物纹，动物纹大多为中国的传统题材，如龙、虎、豹、麒麟、鸾、凤、朱雀等。及至魏晋南北朝，随着丝绸之路上佛教的传入以及贸易往来的日益频繁，新的主题，如胡人、异域神祇、珍禽异兽等开始出现在中国的丝绸上，体现出外来艺术和文化对中国丝绸艺术的影响。

　　本书书名中的"汉魏"，指从西汉至隋朝以前的这段时期①，包括汉魏晋南北朝。

---

① 关于用"汉魏时期"指代西汉至隋朝以前这段时期，可参见：新编汉魏丛书编纂组.新编汉魏丛书（1）.厦门：鹭江出版社，2013：出版前言一.

目录 CONTENTS

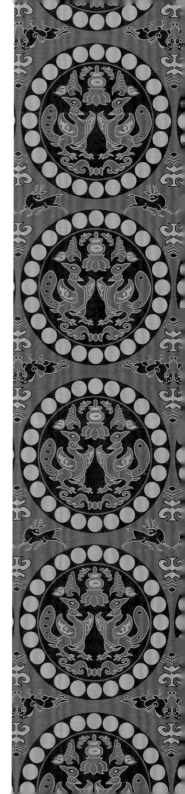

一

汉魏丝绸的考古发现

中 国 历 代 丝 绸 艺 术

　　中国是丝绸之路的起点，丝绸之路开通之后，这条路上主要的贸易物品之一就是丝绸。现存汉代至魏晋南北朝时期的丝绸多来自考古发掘，国内主要的出土地点除了长沙马王堆外，其他主要分布在西北地区，尤其是丝绸之路沿线。丝绸之路国外段的考古发现主要来自蒙古诺因乌拉和叙利亚帕尔米拉。

（一）国内考古发现

1. 湖南长沙马王堆汉墓

　　湖南长沙马王堆汉墓位于长沙市东郊，为第一代轪侯、长沙丞相利苍及其家属的墓地。一号墓保存最完整，墓主为轪侯的妻子。三号墓的主人是轪侯的儿子,下葬年代是汉文帝十二年(前168年)。

　　一号墓锦饰内棺内的尸体脸部覆盖两件丝织物覆面，双手握绢面绣花香囊，两足着青丝履。贴身着信期绣罗绮丝绵袍，外为细麻布单衣。两臂肘部缚以绛色丝带，大腿之间的空隙处用绢面裹丝绵塞实。贴身衣外面包裹各式衣着、衾被及丝麻织物共计18

层，连同贴身衣物2件，共20层。其上再覆盖印花敷彩黄纱绵袍1件（图1）、长寿绣绛红绵袍1件。[①] 棺外有铺饰在棺板上的绣锦和菱形花贴羽锦，以及头端夹缝中的丝织品残片。一号墓东边厢出土了3个香囊、1双鞋，以及绣袋、绢袋或麻布袋、彩绘帛画、木俑的衣饰等。西边厢的6个竹笥内保存有完整的纺织品和衣物，包括绵袍11件、单衣3件、单裙2件、袜2双、袍缘1件，以及单幅丝织品46卷等。北边厢的四壁还挂有丝织的帷幔，中部和西部有夹袍、绣枕、几巾、香囊（图2）、枕巾、鞋，以及包裹在漆奁外面的2件夹袱和置于奁内的手套、镜衣、针衣、组带等。[②] 二号墓和三号墓中也出土了不少纺织品，种类与一号墓相仿，保存状况却不如一号墓。

▲图1 印花敷彩黄纱绵袍
西汉，湖南长沙马王堆汉墓出土

▲图2 信期绣绮香囊
西汉，湖南长沙马王堆汉墓出土

① 何介均.马王堆汉墓.北京：文物出版社，2004：26-27.
② 上海市丝绸工业公司，上海市纺织科学研究院.长沙马王堆一号汉墓出土纺织品的研究.北京：文物出版社，1980：1-2.

2. 甘肃武威磨咀子汉墓

甘肃武威市在汉代时为武威郡，是当时姑臧县治所在地，位于河西走廊咽喉地带。磨咀子在武威市南 15 公里祁连山下杂木河的西岸，汉墓群从河岸一直延伸至台地最高处，东西长约 700 米，南北宽约 600 米。

甘肃省博物馆 1959 年清理了 31 座土洞墓，发掘出土的随葬物品共计 610 件。丝织品除了有随葬衣物和铭旌外，还有一件保存完好、制作精美的锦缘绢绣草编盒（图 3）。[①]1972 年清理发掘了汉墓 35 座，其中 48、62、49 号墓分属西汉末期、王莽新朝、东汉中期三个不同时期，出土了绢、纱（图 4）、罗、绮、起毛锦等 8 类 15 种织物，是研究汉代纺织、印染历史的重要资料。[②]2003 年，中日两国考古工作者对磨咀子汉墓群进行了联合考古发掘，共发掘东汉墓葬 25 座，其中编号为 2003WMM25 的墓中出土了发带、覆面等丝织品。[③]

---

① 甘肃省博物馆 . 甘肃武威磨咀子汉墓发掘 . 考古，1960（9）：15-28.
② 甘肃省博物馆 . 武威磨咀子三座汉墓发掘简报 . 文物，1972（12）：9-23.
③ 甘肃省文物考古研究所 . 甘肃武威磨咀子东汉墓（M25）发掘简报 . 文物，2005（11）：32-38.

▲ 图 3　锦缘绢绣草编盒
汉代，甘肃武威磨咀子汉墓出土

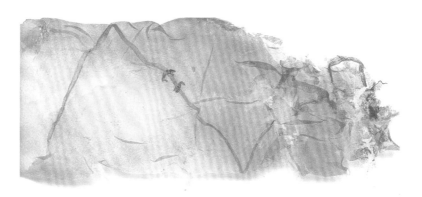

▲ 图 4　素纱袋
汉代，甘肃武威磨咀子汉墓出土

3. 新疆且末扎滚鲁克墓群

扎滚鲁克村位于新疆塔里木盆地南缘且末县托格拉克勒克乡西南 3 公里处，是戈壁上一处绿洲。绿洲及其边缘区域内分布着大小不同的五处古墓葬群，其中最大的一处为一号墓地。1985—1998 年，新疆维吾尔自治区博物馆、巴音郭楞蒙古自治州文物管理所和且末县文物管理所在此进行了三次发掘，共发掘出 167 座墓葬。[①]

扎滚鲁克一号墓地的主体文化共分三期，第一期的墓葬年代在公元前 10 世纪前后；第二期墓葬年代为公元前 8 世纪至公元 3 世纪中期，是扎滚鲁克的主体文化；第三期墓葬年代为在公元 3 世纪中期至 6 世纪晚期。[②]

扎滚鲁克共有 30 座属于第三期文化的墓葬，墓中出土了大量纺织品，从原料上可以分为丝织物、棉织物、毛织物和麻制品等四类。丝织物数量最多，品种包括织锦、绢、绮及刺绣品等。除了覆面、枕、袋、扎包、扎头带等，更多的是织物残片。织锦主要分为经锦和纬锦两大类。经锦为平纹经锦，丝线不加捻，图案包括"（延）年益寿大宜子孙"铭文、水草立鸟纹（图 5）、菱格纹（图 6）、花树纹、忍冬纹和曲波纹等。平纹纬锦的丝线通常加有强捻，出土时多为制品，如枕头、扎头带和衣饰绦等，图案主要包括植物纹、狩猎纹和龙纹等。扎滚鲁克出土的刺绣不多，但很精美。在绢和绮地上用锁针绣出图案，以鸟纹和植物纹为主，色彩鲜艳。[③]

---

① 新疆博物馆，巴州文管所，且末县文管所. 新疆且末扎滚鲁克一号墓地. 新疆文物，1998（4）：1-53. 新疆维吾尔自治区博物馆，巴音郭楞蒙古自治州文物管理所，且末县文物管理所. 1998 年扎滚鲁克第三期文化墓葬发掘简报. 新疆文物，2003（1）：1-19.
② 王博，等. 扎滚鲁克纺织品珍宝. 北京：文物出版社，2016：70.
③ 王明芳. 三至六世纪扎滚鲁克织锦和刺绣 // 赵丰. 西北风格——汉晋织物. 香港：艺纱堂 / 服饰出版，2008：18-39.

▲图5 水草立鸟纹锦
晋—北朝，新疆且末扎滚鲁克出土

▲图6 菱格纹锦
晋—北朝，新疆且末扎滚鲁克出土

4. 新疆若羌楼兰遗址

　　楼兰遗址位于新疆巴音郭楞蒙古自治州若羌县东北部、罗布泊西北岸、孔雀河下游三角洲的南部。由于罗布泊地区自然环境的变化，曾经繁盛一时的楼兰古国于公元4世纪左右逐渐消亡，掩埋在茫茫沙漠之中。1900年，瑞典人斯文·赫定（Sven Hedin）在去西藏的途中到了罗布泊，发现了楼兰古城，从此掀起了一阵楼兰探险考察热。[①]1906年和1914年，英国人马克·奥莱尔·斯坦因（Mare Aurel Stein）两次来到楼兰，他除了

---

① 赫定.我的探险生涯.孙仲宽，译.乌鲁木齐：新疆人民出版社，1997：270-281.

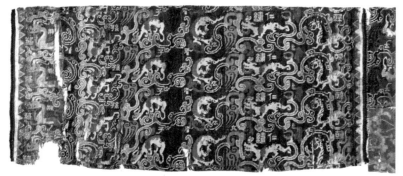

▲图7　"韩仁绣文衣右子孙无极"锦，
汉—晋，新疆若羌楼兰出土

▲图8　"登高明望西海"锦，
汉—晋，新疆若羌楼兰出土

对楼兰古城遗址进行大规模发掘外，还发现了许多新的遗址和墓地，他还给这些遗址逐
个编了号。他发掘了大量精美的丝织品，还有石器、陶片、青铜制品，以及汉文和佉卢
文木简与文书。1914年，斯坦因在编号为 L. C. 的墓葬群中发掘了大量的丝织物和毛织
物等物品。斯坦因将该墓葬的年代定为公元前2世纪末至公元3世纪后期。该墓葬的丝
织物品种丰富，有锦、汉式绮、绢、刺绣等。斯坦因在 L. C. 墓葬群发现了大量织有铭
文的动物云气纹汉锦，铭文包括"韩仁绣文衣右子孙无极"（图7）、"长乐明光""登
高明望西海"（图8）、"延年益寿"等。[①]

---

①　Stein，A. *Innermost Asia* (Vol. III). Oxford: Oxford at the Clarendon Press, 1928: Pl. XXXIV.

1979 年至 1980 年，新疆文物考古研究所楼兰考古队三次深入罗布泊，对楼兰古城址及附近墓葬群进行考古调查和重点发掘，发掘出纺织品 58 件，其中丝织品 8 件，多为残片，包括一件波纹锦，为绛色地显绿色波纹。[①]1980 年，考古工作队小分队在楼兰城郊发掘两处古墓群，对 MB 墓地 2 号墓（斯坦因编号 L. C. iii）进行了重新清理，发掘了大量精美纺织品，其中丝织物 75 件，品种包括锦、绮、绢和刺绣。[②]2003 年春，新疆文物考古研究所对位于 L. E. 城东北约 4 公里处的壁画墓进行考古清理挖掘。该墓被认为是汉晋时期 L. E. 城一个贵族家族的合葬墓，年代约为公元 2—4 世纪。墓中清理出了大量的织物残片，这些织物残片大多为破损的衣物，经清理拼对，能辨认的服饰包括袍、衫类上衣 5 件（如图 9），裙 1 件，刺绣手套 1 只（图 10），贴金衣饰 1 件，棉袜 3 只。此外还有几何纹锦 1 件，几何纹绮 1 件，三角形刺绣 1 件，以及棉、毛织物残片若干。[③]

① 新疆楼兰考古队．楼兰古城址调查与试掘简报．文物，1988（7）：1-22.
② 新疆楼兰考古队．楼兰城郊古墓群发掘简报．文物，1988（7）：23-39.
③ 阿不都热苏勒，李文瑛．楼兰 LE 附近被盗墓及其染织服饰的调查 // 赵丰，阿不都热苏勒．大漠联珠：环塔克拉玛干丝绸之路服饰文化考察报告．上海：东华大学出版社，2007：59-73.

▲图9 半袖绮衣
汉—晋，新疆若羌楼兰出土

▲▲ 图 10　刺绣手套
汉—晋，新疆若羌楼兰出土

5. 新疆民丰尼雅遗址

尼雅遗址位于新疆民丰县境北 100 余公里处，是汉晋时期塔里木盆地南缘一处典型的内陆沙漠绿洲型聚落的遗址，也是《汉书·西域传》中记载的精绝国故地。1901 年，斯坦因首先发现了该遗址，获取了大量的佉卢文和汉文木简、木雕，并挖掘出了一些毡毯残片以及小块的棉和丝织物。① 之后，他又分别于 1906 年和 1913 年重返尼雅，收获了少量的纺织品残片。

1959 年，新疆维吾尔自治区博物馆考古队于文物普查时在尼雅遗址发现了一座男女合葬墓。墓中箱形木棺上面覆盖一层毛毯，棺内尸体面部盖覆面，头下枕锦枕。身上的服饰及随葬丝织品保存完好，包括："万世如意"男锦袍、刺绣男裤、淡青色女上衣、刺绣女内衣、刺绣女裙、刺绣镜袋、刺绣云纹粉袋和袜带、菱纹"阳"字锦袜，以及用"延年益寿大宜子孙"锦制作的袜、手套和鸡鸣枕（图 11）等。1988 年和 1990—1997 年，中日共同尼雅遗址学术考察队对尼雅展开了较为全面的调查和发掘，1995 年发掘的一号墓地 3 号墓规模最大，出土文物最为丰富，包括"王侯合昏千秋万岁宜子孙"锦衾、"世毋极锦宜二亲传子孙"锦枕、茱萸纹锦面衣（图 12）、人物禽兽纹锦袍，以及锦手套、锦帉袋（图 13）、锦镜袋、香囊、帛鱼等。②

---

① Stein, A. *Ancient Khotan*. Oxford: Oxford at the Clarendon Press, 1907: 410, pl. LXXVI.
② 新疆文物考古研究所. *尼雅 95 一号墓地 3 号墓发掘报告*. 新疆文物，1999（2）: 1-26.

▲ 图 11　"延年益寿大宜子孙"锦鸡鸣枕
汉—晋，新疆民丰尼雅出土

◀图 12　茱萸纹锦面衣
汉—晋，新疆民丰尼雅出土

▶图 13　锦枎袋
汉—晋，新疆民丰尼雅出土

8号墓的东侧紧临3号墓，出土丝织物包括"安乐如意长寿无极"锦枕、"千秋万岁宜子孙"锦枕、用"延年益寿长葆子孙"锦和"安乐绣文大宜子孙"锦缝制的锦袍、"五星出东方利中国"锦护臂（图14）等。[①]

▲图14 "五星出东方利中国"锦护臂
汉—晋，新疆民丰尼雅出土

① 赵丰，于志勇.沙漠王子遗宝.香港：艺纱堂/服饰出版，2000：25.

6. 新疆洛浦山普拉墓群

山普拉墓群位于新疆和田市洛浦县山普拉乡西南 14 公里处的戈壁滩上，早年被盗掘破坏。新疆维吾尔自治区博物馆、新疆文物考古研究所和和田地区文物管理所曾于 20 世纪末对该墓群进行了四次清理发掘，出土文物千余件。墓葬的年代在公元 1 世纪至公元 4 世纪末之间[1]，墓地出土大量纺织品，材质包括棉、毛、丝和麻，其中毛织物占 80% 以上，反映了汉晋时期古于阗国的服饰文明。丝织物品种包括绢、绮、锦等，可用于制作化妆包、针线包、扇、枕（图 15）等生活用具以及各类服饰。丝织物服饰主要包括套头衣、裤、帽、护颌罩（图 16）和头带等。套头衣多为成人服装，小孩的比较少，面料以毛织物为多，仅发现一件绢夹衣残片和花草纹刺绣绢衣残片。[2]

---

[1] 新疆维吾尔自治区博物馆，新疆文物考古研究所. 中国新疆山普拉——古代于阗文明的揭示与研究. 乌鲁木齐：新疆人民出版社，2001：46.
[2] 新疆维吾尔自治区博物馆，新疆文物考古研究所. 中国新疆山普拉——古代于阗文明的揭示与研究. 乌鲁木齐：新疆人民出版社，2001：36-40.

◄图 15　蔓草纹刺绣绢枕
汉—晋，新疆洛浦山普拉出土

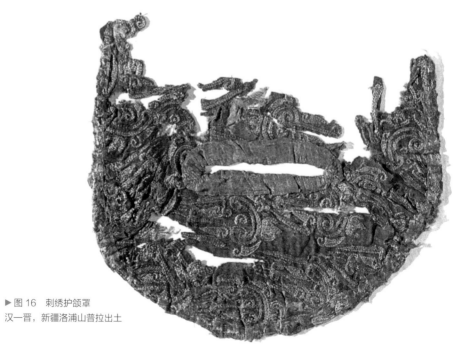

▶图 16　刺绣护颌罩
汉—晋，新疆洛浦山普拉出土

7. 新疆尉犁营盘遗址

营盘遗址位于新疆尉犁县东南约 150 公里处，东距楼兰古城约 200 公里，是迄今为止罗布泊地区发掘的面积最大、资料最为丰富的一处墓葬群。营盘出土的纺织品无论从技术上还是从图案上来看，均反映出东西方文化交流的影响，特别具有研究价值。

19 世纪末 20 世纪初，俄国人科兹洛夫（P. K. Kozlov）、瑞典人斯文·赫定和福尔克·贝格曼（Folke Bergman）、英国人斯坦因曾先后考察过营盘遗址，发掘过一些文物，但丝织品很少。1989 年、1995 年和 1999 年，新疆文物考古工作者先后三次对营盘墓地进行了抢救性清理发掘，共发掘墓葬 120 余座，清理被盗墓百余座。营盘墓葬出土了大量纺织品，有丝、毛、棉、麻四类，前两类最多。[①] 保存较为完好的纺织品包括红地人兽树文罽袍、淡黄色绢内袍、刺绣长裤、绢夹襦（图 17）、贴金毡袜、绞编丝履、鸡鸣枕、香囊（图 18）、帛鱼、刺绣护膊、冥衣裤（图 19）、绞缬绢（图 20）、登高锦、兽面纹锦等。

---

① 新疆文物考古研究所. 新疆尉犁县因半古墓调查. 文物，1994（10）：19-31.

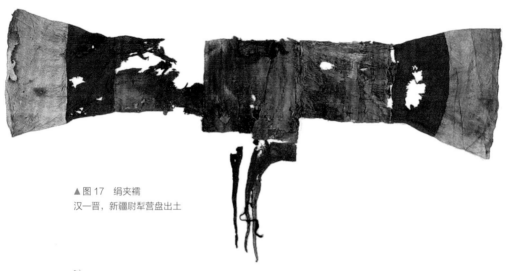

▲ 图 17 绢夹襦
汉—晋，新疆尉犁营盘出土

▲ 图 18 香囊
汉—晋，新疆尉犁营盘出土

▲ 图 19 冥衣裤
汉—晋，新疆尉犁营盘出土

▲ 图 20　绞缬绢
汉—晋，新疆尉犁营盘出土

8. 新疆吐鲁番阿斯塔那墓群

吐鲁番位于新疆东部，汉代属姑师国的领地，是丝绸之路上重要的交通枢纽。阿斯塔那古墓群位于吐鲁番市东南 40 公里处的戈壁上，是西晋至唐代高昌居民的公共墓地。其中第一期为西晋至十六国时期（3—5 世纪）。20 世纪初，日本大谷探险队先后三次来到吐鲁番一带进行调查，在阿斯塔那古墓群及周边进行了盗掘。1915 年 1 月，斯坦因来到阿斯塔那，对十块墓地进行了挖掘，发现了大批服饰碎片（图 21）和绢画残片。[1] 新疆文物考古工作者对阿斯塔那古墓群的清理发掘始于 1959 年，直至 1975 年，共进行了 13 次较大规模的抢救性发掘，共清理墓葬400 多座，之后又进行了数次小规模的清理。墓葬中发现了大量丝织品，其中属于汉魏晋南北朝时期的主要有"胡王"锦、夔纹锦（图 22）、树叶纹锦（图 23）和纹缬绢等。

此外，青海都兰的吐蕃墓葬年代虽然以唐代为主，但也有一些西晋至北朝晚期的纺织品出土[2]；甘肃花海毕家滩 26 号墓亦出土了一批东晋时期的丝绸服饰[3]。

---

[1]　Stein, A. *Innermost Asia* (Vol II). Oxford: Oxford at the Clarendon Press, 1928: 642-718.

[2]　赵丰 . 纺织考古新发现 . 香港：艺纱堂 / 服饰出版，2002：72-109.

[3]　赵丰 . 西北风格——汉晋织物 . 香港：艺纱堂 / 服饰出版，2008：94-113.

▲ 图 21　绞缬缘刺绣残片
十六国，新疆吐鲁番阿斯塔那出土

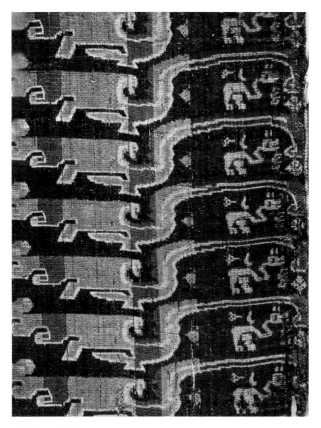

▲ 图 22　夔纹锦
北朝，新疆吐鲁番阿斯塔那出土

▲ 图 23　树叶纹锦
北朝，新疆吐鲁番阿斯塔那出土

（二）国外考古发现

1. 蒙古国诺因乌拉匈奴墓群

诺因乌拉（Noin Ula）位于蒙古中央省色楞格河畔，河岸的土丘上有一个公元前 1 世纪至公元 1 世纪的墓葬群。1924 年至1925 年，俄国人科兹洛夫在此发现并发掘了 12 座匈奴墓葬，出土了草原风格的刺绣毛毡毯，以及大量来自中原的服饰和织物，包括锦（图 24）、绢、罗和刺绣（图 25）等。其中罗包括浅棕色菱纹罗和深棕色杯纹罗；锦有山石双禽树纹锦（图 26）、云气神仙纹"新神灵"锦、织有"颂昌万岁宜子孙"铭文的云山禽纹锦、织有"威山""游成君时于意"铭文的锦、禽鸟菱形纹锦、草花纹锦、双鱼纹锦等。锦的种类大多为中原常见的二色和三色经锦，也有绒圈锦。从墓中出土的写有"汉建平五年"（前 2 年）字样的漆器及大多数织物的风格来看，所出土织物当属两汉时期，有一些还保留了稍早的风格。山石双禽树纹锦为平纹经锦，在紫棕色地上多色经线显花。纹样为两只收着翅膀的鸟站立在山石上向下俯视，鸟的头部织有翎羽。左右山石各不对称，中间织出长有七个树枝的树纹。山石左右两侧各织蘑菇状的植物纹。山石双禽树纹锦上的大型图案在平纹经锦里非常少见。[1]

---

[1]　梅原末治. 蒙古ノイン・ウラ発見の遺物. 東京：東洋文庫, 1960.

▲ 图 24　带钩纹锦
汉代，蒙古诺因乌拉出土

▲ 图 25　刺绣残片
汉代，蒙古诺因乌拉出土

▲ 图 26　山石双禽树纹锦
汉代，蒙古诺因乌拉出土

2. 叙利亚帕尔米拉遗址

帕尔米拉（Palmyra）位于现在的叙利亚首都大马士革东北部215公里处，它的历史可追溯到公元前2000年左右，是古丝绸之路上一个重要的城镇。公元1世纪，在罗马皇帝提比略统治时期，帕尔米拉成为叙利亚行省的一部分。作为连接罗马帝国和东方的交通枢纽和贸易中转站，帕尔米拉城日渐繁盛，直至公元3世纪末毁于罗马人手中。

帕尔米拉出土的纺织品部分来自20世纪30年代法国考察团的考古发掘，更多的则是20世纪末由叙利亚、波兰和德国的考古学家所发掘的。这些纺织品中共有2000多个碎片，超过500种不同组织，使用材料囊括了棉、麻、丝、毛，其中特别珍贵的是丝织物。帕尔米拉出土的桑蚕丝织品中绝大多数为单色平纹绢；其次为平纹地上以斜纹起暗花的绮（图27）；锦（图28）最少，一共3件。[①] 从织造技术上看，帕尔米拉出土的丝织物明显来自中国，其纹样主题大多来自中国，年代约为公元前1世纪至公元3世纪。[②]

---

① Schmidt-Colinet, A., Stauffer, A., & Khaled Al-Asad, K. *Die Textilien aus Palmyra: Neue und alter Funde.* Mainz am Rhein: Philipp von Zabern, 2000: 1-40.
② 王乐, 赵丰. 从中国到罗马——帕尔米拉出土丝绸图案体现的艺术交流. 艺术百家, 2008（5）: 195-202.

▲ 图 27　四兽团窠杯纹绮
汉代，叙利亚帕尔米拉出土

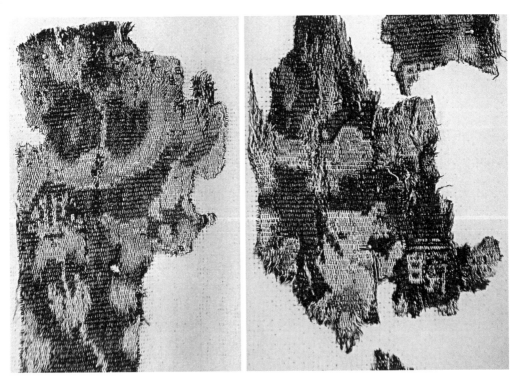

▲▲ 图 28 "明"字锦
汉—晋，叙利亚帕尔米拉出土

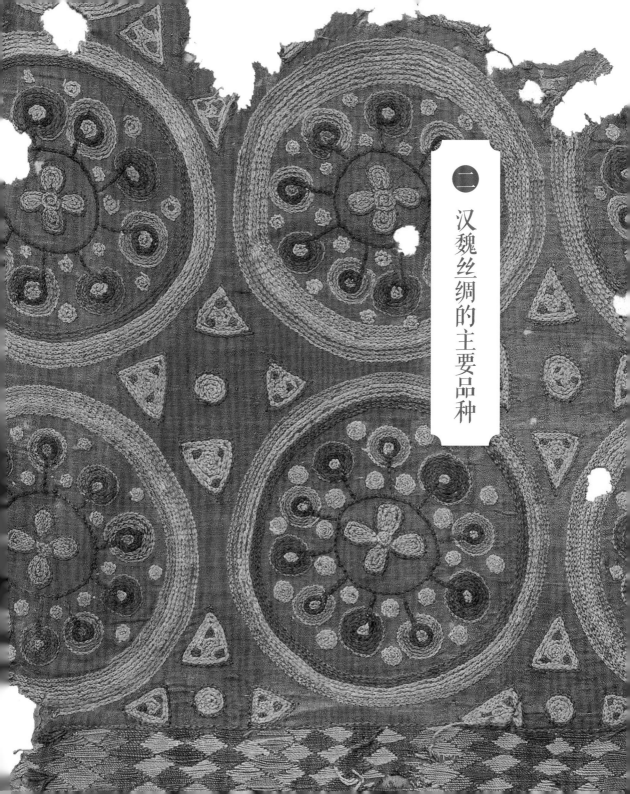

中国历代丝绸艺术

汉代至魏晋南北朝时期的显花丝织物主要包括多彩织物、单色暗花织物、印染织物以及刺绣。多彩丝织物以锦的图案色彩最为丰富，种类最为繁多，最能代表一个时代的丝织物图案特征；暗花丝织物中绫绮品种最为丰富，其图案虽然色彩单一，但往往与锦的图案密切相关；印染织物主要有绞缬和蜡缬；刺绣则以锁针绣和劈针绣为主。与此同时，丝绸之路上的纺织文化和技术的交流也给丝绸品种带来了变化。

（一）锦

锦是一种重组织结构熟织物，丝线先染后织，通过织物结构的变化，呈现变化的色彩和图案。"锦"一词在史料中记载很多，早在《诗经·卫风·硕人》中就有"硕人其颀，衣锦褧衣"[①]的诗句。在中国古代,锦是一种非常贵重的丝织物,"锦,金也,作之用功重,

---

① 邓荃.《诗经·国风》译注.北京: 宝文堂书店，1986: 177.

其价如金，故字从金帛"①。在中国古代，平纹经锦出现最早，战国时期的墓葬已有出土②，以经线显花，采用1/1平纹经重组织织造。织造时将经线分成两组，使用夹纬及明纬将其中一组现于织物正面显花，而其余沉于背面（图29）。湖南长沙马王堆一号汉墓出土了一批平纹经锦，包括几何纹锦、茱萸纹锦和孔雀波纹锦，更多的经锦则发现自丝绸之路沿线的汉晋墓葬中。

汉晋时期，随着蚕桑技术沿丝绸之路传入西域，新疆当地人民开始学习织造丝绸，特别是提花织锦的方法。吐鲁番和营盘等地出土的绵线锦是他们的最初尝试，采用破茧纤维加捻纺成经纬线，织物采用平纹纬重组织织造，实现了从经锦到纬锦的过渡。这类织锦的共同特点为：一是织物的经纬线均为手工纺成的丝绵线，其加捻均为Z向，常见色彩有白、红、灰、黄四种；二是织物的组织为平纹纬锦，明经通常为一根，而夹经则一般成双；三是其织物门幅通常较大，规格为"张"（从吐鲁番出土文书来看，当时一张的规格幅宽在1米以上，长则在2米以上，长约为宽的一倍）③；四是其图案的加工方法为挑花，因此可以保持在纬向的循环，但在经向却并不循环④。平纹纬锦的结构原理完全来自汉式平纹经锦，只是新疆当地织工将经纬线的方向做了90度的调整，将其变成了平纹纬锦（图30）。

① 刘熙.释名.北京：中华书局，1985：69.
② 湖北江陵马山楚墓中出土有舞人动物纹锦，平纹经二重，经线三色，分区换色。参见：湖北省荆州地区博物馆.江陵马山一号楚墓.北京：文物出版社，1985：41-42.
③ 以张为单位的锦在吐鲁番和敦煌文书中都有记载，其中哈拉和卓88号墓中出土的《北凉承平五年（506年）道人法安弟阿奴举锦券》（75TKM88:1（b））记录了丘慈中锦一张，长度为9尺5寸，幅宽为4尺5寸，折今长约238—285厘米，宽113—135厘米。而另一件出自哈拉和卓99号墓的文书《义熙五年（409年）道人弘度举锦券》（75TKM99:6（b））中所提及的西向白地锦，其半张的尺寸为"长4尺广4尺"，也就是说一张的长约为220—240厘米，宽约为100—120厘米。唐长孺.吐鲁番出土文书（壹）.北京：文物出版社，1992：95.记载了以张为织物单位的吐鲁番文书的年代为5世纪—7世纪初，当时的1尺约为25—30厘米。参见：郭正忠.三至十四世纪中国的权衡度量.北京：中国社会科学出版社，1993：227-230.
④ 赵丰.新疆地产绵线织锦研究.西域研究，2005（1）：51-59.

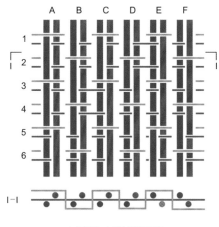

▲ 图 29　平纹经锦结构

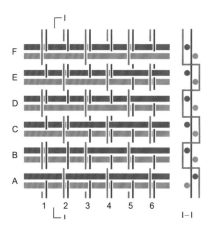

▲ 图 30　平纹纬锦结构

（二）绮

　　绮是汉魏时期最常见的暗花丝织物，绮的名称出现较早，《楚辞·招魂》中已出现"纂组绮绣"，《战国策》中亦有"曳绮縠"之句，其注皆与《说文》相同；"绮，文缯也"①。文缯也就是有花纹的平素类织物，与战国秦汉的出土实物相比较，可知这是指当时的平纹地暗花织物，这在汉代被称为绮。但是，到了魏晋南北朝时期，"绮"仅偶见于诗文中，而"绫"则常见于当时的史料，而出土实物中的平纹地斜纹花的丝织物品种与数量却与日俱增，唯一的解释就是这类织物到此时已不再被称为绮了，而常被称为"绫"。对于这种异时异名的织物，本书还是按照现代考古学的命名方式，把平纹地斜纹花的织物称为绮，而把斜纹地斜纹花的织物称为绫。

---

① 许慎.说文解字注.段玉裁，注.上海：上海古籍出版社，2006：649.

汉魏时期绮的组织有两类：第一类是平纹地起 4 枚斜纹花，采用的是 2-2 并丝织法[1]，与平纹叠加得到 3/1 斜纹效果（图 31）。2-2 并丝织法是指将两根相邻的经线一起穿过同一提花综眼，在地综依次提升时，提花综总是被连续提升两次。这一类绮在中国出现的时间很长，直到唐代还大量出现。第二类绮起花仍采用 3/1 斜纹组织，但在两根经斜纹浮线之间隔一根经平纹线，故其花部组织是斜纹和平纹的混合组织（图 32）。鲁道夫·菲斯特（Rudolf Pfister）在分析了叙利亚帕尔米拉出土的绮之后，将后一类组织命名为"汉式组织"[2]，我们通常把这种组织的织物称为"汉式绮"。汉式绮在汉晋时期非常流行，除了叙利亚的帕尔米拉外，中国湖南长沙马王堆，新疆尼雅、楼兰、营盘等地，以及蒙古诺因乌拉都发现有此类织物。

▲ 图 31　平纹地斜纹花绮结构

▲ 图 32　汉式绮结构

①　"并丝"这一概念首先由加布里尔·维亚尔在《吉美博物馆和法国国家图书馆所藏敦煌织物》中提出，随后得到约翰·贝克等人的实验证实，可见于《纹样与织机》，此后又为众多研究中国古代织造技术的中国学者所接受并发展。参见 Riboud, K., & Vial, G. *Tissus de Touen-Houang : conservés au Musée Guimet et la Bibliothèque Nationale.* Paris: L'Institut des Hautes Etudes Chinoises de Paris, 1970. Becker, J., & Wagner, B. *Pattern and Loom.* Copenhagen: Rhodos International Publishers, 1987.

②　Pfiter, R. *Textiles de Palmyre.* Paris: Editions d'Art et d'Histoire: 1934.

（三）染 缬

在中国，将印染应用于织物的历史应该很长，传说中黄帝有熊氏命伯常观翚翟草木之花染为文章[①]。到了汉代，丝织物上出现了印花，并逐渐形成了中国自己的技术体系——染缬。

中国古代印花可大致分为手工印染和型版印花两大类。手工印染包括手工描绘、手绘蜡缬、绞缬等。型版印花中的凸版印花，成熟于西汉，广东广州南越王墓和湖南长沙马王堆汉墓都出土过这类印花织物。马王堆出土的印花织物以纱为地料，采用金、银、黄三种色彩套印而成。整个图案是均匀而流畅的云气纹，由两个单元的各带有两朵穗状云的卷云对称构成，很像一团火焰。其中卷云主纹由黄色印版完成，银色印版为云气辅纹，由金色印版完成的则是呈山形的圆点纹（图33）。此后在广州南越王墓中也发现了类似的印花织物和两块青铜凸纹印花版。[②]

汉魏时期丝绸上主要采用的是防染印花，根据印染工艺的不同，主要可分为绞缬和蜡缬。绞缬即今日所谓的扎染，是指按照一定规律用缝、扎等方法绞结丝织物，染色后再解去缝线或扎线以得出花纹的一种防染印花工艺及产品。早期的绞缬发现自毛织物。新疆且末扎滚鲁克墓群出土过一件方格纹绞缬毛布单，墓葬属春秋至西汉期间。甘肃敦煌马圈湾汉代遗址中曾出土过一件类似绞缬的丝织品，但用于服饰的绞缬实物在魏晋时期的墓葬才有较多的发现。甘肃花

---

① 赵丰.丝绸艺术史.北京：文物出版社，1992：75.
② 吕烈丹.南越王墓出土的青铜印花凸版.考古，1989（2）：178-179.

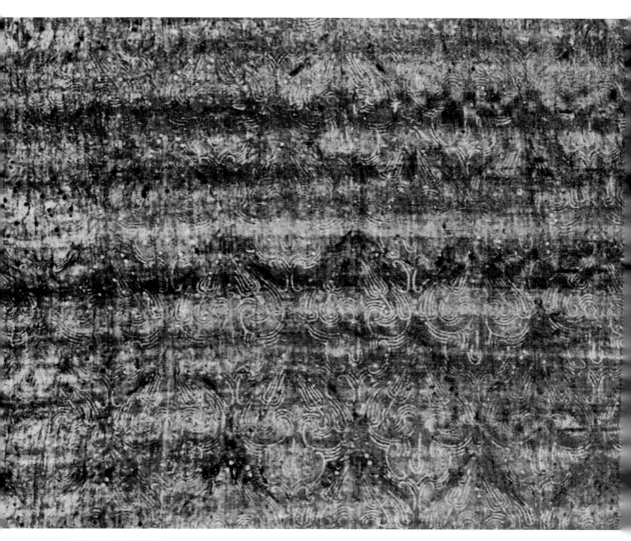

▲ 图 33　卷云纹印花纱
西汉，湖南长沙马王堆汉墓出土

海毕家滩 26 号墓曾出土过一件紫色绞缬上衣（图 34），对照随葬衣物疏，墓主为女性，死于升平十四年（377 年）①。衣身的主要面料为紫色绞缬绢，图案为有规律地散点排布的空心小菱形，排列密集，单个图案面积很小，边长约为 1 厘米，衣身上还拼接有红色绞缬绢，图案和衣身一致。同样的绞缬织物在阿斯塔那墓葬中也有很多发现：建初十四年（418 年）韩氏墓中出土了一块绛地菱格绞缬绢②；第 85 号墓出土了两块地分别为红色（图 35）和绛色的菱格绞缬绢③ 等。

蜡缬是以蜡在织物上描绘后进行染色，最后得到防染效果图案的工艺及产品。蜡缬可能在汉魏时期由丝绸之路传入我国西北地区，已知我国发现最早的蜡缬是出土自新疆民丰尼雅东汉墓的一件蜡缬棉布（图 36）。织物左下角引人注目的是一位半裸女像，颈饰珠圈，手持丰饶角，头后有背光。④

---

① 根据《甘肃玉门花海毕家滩出土的衣物疏初探》一文，该衣物疏年代为 377 年。参见：张俊民. 甘肃玉门毕家滩出土的衣物疏初探. 湖南省博物馆馆刊，2010（7）：404-407.
② 新疆维吾尔自治区博物馆. 吐鲁番县阿斯塔那—哈拉和卓古墓群发掘简报（1963—1965）. 文物，1973（10）：18.
③ 新疆维吾尔自治区博物馆，出土文物展览工作组. 丝绸之路——汉唐织物. 北京：文物出版社，1972：图版四七、四八.
④ 关于该女性的身份有不少说法，一说是希腊神话中的提喀或墨忒耳，一说是印度神话中的鬼子母，还有一说是中亚女神阿尔多克洒。赵丰认为其应该是希腊神话中的命运女神提喀。参见：赵丰. 锦程：中国丝绸与丝绸之路. 香港：香港城市大学出版社，2012：91-92.

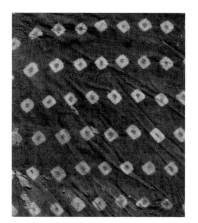

▲图 34　紫色绞缬上衣及其局部
东晋，甘肃花海毕家滩出土

▲图 35　绞缬绢
西凉，新疆吐鲁番阿斯塔那出土

▲图 36　蜡缬棉布
东汉，新疆民丰尼雅出土

　　此后，新疆于田屋于来克古城遗址又发现了三块蜡缬织物：两块蓝底白花的为毛布（图37），采用的是点蜡法；一小块为蓝底棉布，图案无法辨认，应是采用手绘的方法制作。十六国时期，蜡缬也开始应用于丝织物，目前所知最早的一件是西凉时期的蓝色蜡缬绢（图38），用点蜡法点画出单排圆点构成的菱格和菱格内的七瓣小花。①

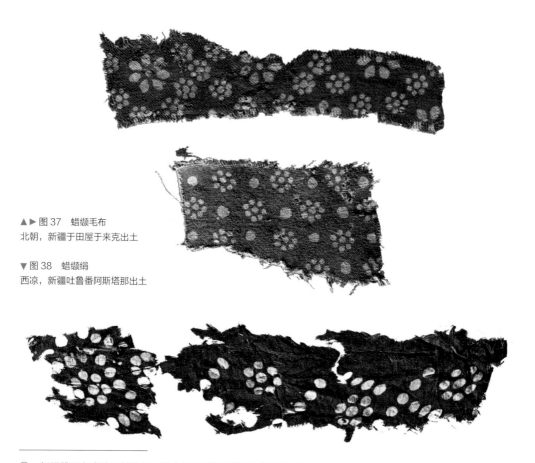

▲▶图37　蜡缬毛布
北朝，新疆于田屋于来克出土

▼图38　蜡缬绢
西凉，新疆吐鲁番阿斯塔那出土

---

① 　新疆维吾尔自治区博物馆，出土文物展览工作组 . 丝绸之路——汉唐织物 . 北京：文物出版社，1972：图版18、21、49.

（四）刺 绣

刺绣是用针引线在织物上穿绕形成图案的一种装饰方法。中国刺绣起源很早，河南安阳出土的殷商时期的青铜器上，已出现了刺绣的痕迹，陕西宝鸡西周早期墓葬的泥块上亦保存有极为清晰的绣痕（图39）。战国秦汉时期是我国刺绣史上第一个极盛时期，几乎每一个出土丝织品的战国秦汉墓葬中都有刺绣品，其中尤以湖北江陵马山楚墓和湖南长沙马王堆汉墓中出土的刺绣品最为量大和精美。

中国的刺绣在汉晋时期基本上以锁绣为主，它是出土汉晋丝绸刺绣实物的主流绣法。中国古代最有特色的针法一直是锁针，这种针法早在商周时期已经开始出现。在商代包裹青铜器的丝绸的印痕和西周时期丝绸荒帷在泥土上留下的印痕来看，当时采用的正是锁针绣法。湖南长沙马王堆汉墓、甘肃敦煌汉长城遗址（图40）、甘肃武威磨咀子汉墓和新疆塔克拉玛干沙漠四周的汉晋时期墓葬或遗址如尼雅（图41）、楼兰（图42）、营盘、山普拉等地出土的刺绣用的都是锁针。锁针的特点是前针勾后针，从而形成线圈的针迹，但连起来后，整体呈线状效果。

◀图 39　泥块上的锁绣痕迹
西周，陕西宝鸡西周早期墓葬出土

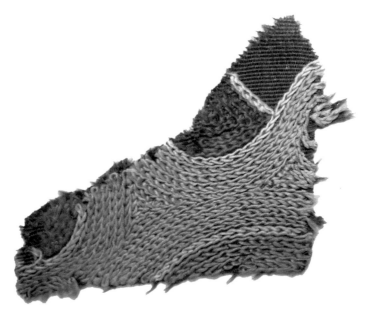

▶图 40　锁绣残片
汉代，甘肃敦煌汉长城遗址出土

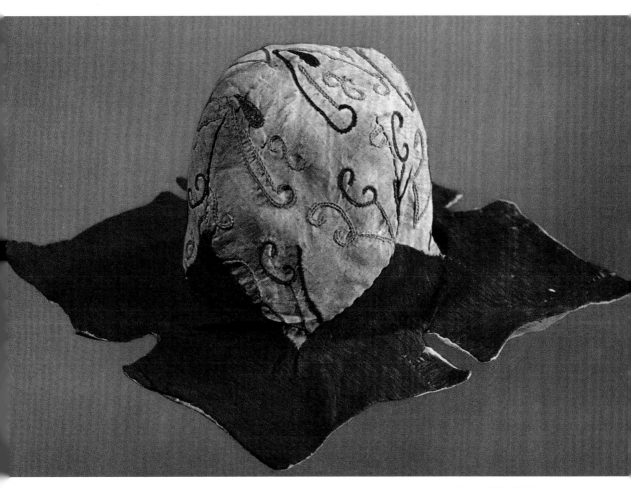

▲ 图 41　刺绣云纹粉袋
汉—晋，新疆民丰尼雅出土

▲图 42　方形刺绣
汉—晋，新疆若羌楼兰出土

　　锁针用于制作大面积、大密度的作品时过于费时费工，因此，一种表观效果与锁针基本一致，但效率大大提高的针法——劈针出现了。劈针属于接针的一种，在刺绣时后一针从前一针绣线的中间穿出再前行。劈针从外观上看起来与锁针十分相似，它和锁针的最大区别就在于劈针的绣线直行，而锁针的绣线呈线圈绕行，因此劈针操作起来比锁针要相对方便得多。北魏时期的一些大型绣像采用了劈针的技法（图 43），从表观效果来看，劈针与锁针很难区分，只有同时观察其背后的情况才能做出有较大把握的判断（图 44）。

▲ 图43　刺绣说法图
北魏，甘肃敦煌莫高窟出土

　　北朝时期，平针开始应用于刺绣，这是一种运针平直，只依靠针与针之间的连接方式进行变化的刺绣技法。中国丝绸博物馆收藏的一对绣靴（图45）以黄色绮为地，上面用平针绣出方格纹。方格共有三层，以十字形朵花组成最外部的框架，细密的棕色线绣出第二层方框，最里层绣有9个小正方形。相对于锁针和劈针而言，以平针来绣这种几何纹的效率大大提高。

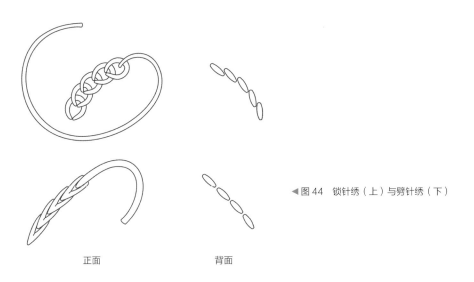

正面　　　　　　　　背面

◀图 44　锁针绣（上）与劈针绣（下）

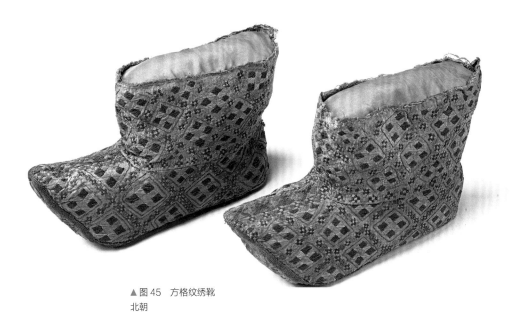

▲图 45　方格纹绣靴
北朝

中 国 历 代 丝 绸 艺 术

　　战国秦汉时期，中国的织绣技术已达到了相当高的水平，汉代织锦的用色可达五色，既可以在同一区域内使用多色经线来变换色彩，也可以通过不同色彩的经线分区排列来呈现多色。秦汉时期统治者都十分热衷于源于道家的神仙学说，因此，在当时的各类艺术作品中，神仙思想得到了充分的表现，而在丝绸艺术作品中的具体表现则是大量的云纹，并常在其中穿插动物和汉字。随着丝绸之路上艺术文化的交流，西方的织物图案开始影响中国的丝绸设计，传统的云气动物纹样到魏晋时已僵化并衰退，继之而起的是模拟西域风格的各种骨架排列，其中环式联珠团窠被较多地用于织物。丝绸上开始出现模仿西域风格的图案题材，其图案的构图也和云气动物纹样有较大区别，前者多采用骨架式的构图，骨架中往往置以对称的动物纹样。

（一）图案主题

织锦的图案色彩丰富，最能代表汉唐间的丝绸图案。而绮织物数量多，使用广泛，其图案亦能反映当时丝织艺术的面貌。总的说来，锦的图案主题种类比绫多，但绮的图案又是锦的图案的呼应甚至是补充。由于刺绣工艺的特殊性，绣品上的图案与同时期其他丝织物上的图案既相似，又不同。总的说来，刺绣的图案受到锦、绮和印染图案的影响，但又不受织造技术的限制，故刺绣的色彩、图案单元的大小和循环变化相对随意。一些绣品上的图案为适合纹样，而一些大型绣品如绣像几乎不受织物规格的限制，其效果宛如绘画一般，只是用针和丝线替代了纸和墨。相对来说，这一时期染缬图案最为简单，以小菱形、圆点和小花为多。

1. 祥云瑞气

汉晋时期的织锦多为平纹经锦，最常见的图案为云气、动物以及汉字组合而成的云气动物纹，当时也被称作"云虡纹"[①]，是织锦中最具特色的主题图案之一。此类锦在新疆发现最多，其色彩、造型和排列方式都很相似：云纹一般作为图案的骨架，其间穿插禽兽和汉字纹。

---

① 孙机.汉代物质文化资料图说.上海：上海古籍出版社，2008：80.

当时的云气造型主要有三种：一是穗状云，是带有花卉或花穗般特征的云朵纹样，云带飘逸（图46）；二是山状云，云气无间断并呈现出山的形状，可能描绘的是仙山仙境（图47）；三是涡状云，细小而排列整齐（图48）。复杂一些的云气纹，在一个图案单元中出现不同的云纹，组合而成骨架；而有的云气纹极度简化，最终形成了几何纹骨架（图49）。受到织造技术的限制，这些经锦上的图案仅在经向循环，纬向不循环，云气纹骨架通常是通幅排列。图案在经向的循环很小，在5厘米上下，故织物上会呈现出一条条的窄带形图案，分布于骨架中的主题图案也较小且简单。

云气骨架中的动物包括禽和兽。龙为神兽，是汉锦中常见的兽的形象之一。《述异记》中记载龙有多种："有鳞曰蛟龙，有翼曰应龙，有角曰虬龙，无角曰螭龙。"虎是勇猛、威武的象征，而白虎作为汉代四神灵之一，也很受欢迎。豹造型生动、简洁，身上有斑点。麒麟是传说中的一种独角兽，常以躯体似鹿、头上一角的动物形象出现。其他的兽类形象还包括辟邪、马、鹿、羊和骆驼等。此外，有翼是当时织锦兽纹中的常见形式，无论龙、虎、马、熊等均有小小的双翼。相较于兽类纹样，汉锦中的禽类纹样种类较少，且体型较小，故不是很显眼。常见的禽类主要有：传说中的神鸟凤凰、寓意长寿的鹤、志向远大的鸿鹄，以及华丽高贵而又似鸡形的鸾等。

▲图 46 "安乐绣文大宜子孙"锦图案复原
汉—晋，原件新疆民丰尼雅出土

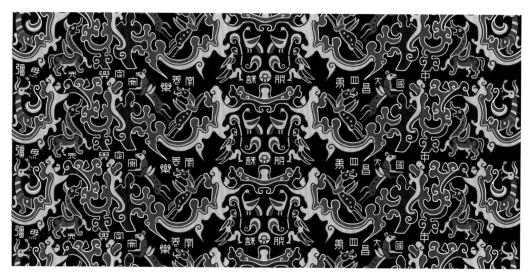

▲图 47 "中国大昌四夷服诛南羌"锦图案复原
汉代

▲ 图 48　人物禽兽纹锦图案复原
汉一晋，原件新疆民丰尼雅出土

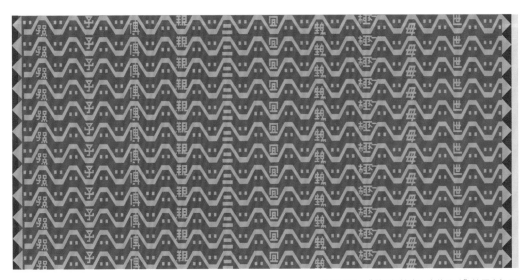

▲ 图 49　"世毋极锦宜二亲传子孙"锦图案复原
汉一晋，原件新疆民丰尼雅出土

　　云纹中出现的人物不多，但很有特点。由于图案大小的限制，这些人物的形象大都粗略，一些世俗人物交领右衽的服装很明显。羽人是汉代表现神仙的常见题材，为体生毛、臂有翼的人物形象。王充《论衡》记有："图仙人之形，体生毛，臂变为翼，行于云，则年增矣，千岁不死。"汉锦中还有骑士的形象，表现为骑马驰骋或驾驭着龙，骑手有时为插翅的羽人（图50）。

龙　　　　　　　虎　　　　　麒麟

豹　　　辟邪　　　骆驼　　　鸾　鹤

鸟　凤　　　人物　　　羽人　　　骑士

▲ 图50　汉晋云气纹锦中的动物和人物

汉代织锦常为五色，这应与当时的阴阳五行学说相关。《周礼·冬官·考工记》曰："画缋之事。杂五色。东方谓之青，南方谓之赤，西方谓之白，北方谓之黑。天谓之玄，地谓之黄……五彩备谓之绣。"故当时标准的五色或五彩是白、黑、青、红、黄，它们与五行中的金、水、木、火、土或五方中的西、北、东、南、中分别对应。汉代织锦中的五色显然也与此有关，但当时织锦五色一般都采用蓝、红、黄、绿、白五种，分别以蓝取代黑、以绿取代青。汉代织锦既可以在同一区域内使用多色经线来变换色彩，也可以通过不同色彩的经线分区排列来呈现多色。因为经线分区显色，故整块织物的色彩可达五色或更多，且织物上能看到明显的纵向色彩分区。

云气动物纹锦中的汉字多是一些祈福或具有吉祥和特殊含义的语句或词语，如"延年益寿长葆子孙""安乐绣文大宜子孙"（参见图 46）、"韩仁绣文衣右子孙无极"（参见图 7）、"世毋极锦宜二亲传子孙"（参见图 49）"王侯合昏千秋万代宜子孙"（图 51）、"中国大昌四夷服诛南羌"（参见图 47）、"五星出东方利中国诛南羌四夷服单于降与天无极"（图 52）等。这些文字不仅反映了当时的社会思想、人们的信仰理念，而且有的可能涉及当时的重大社会政治事件，因此具有更高的历史价值。

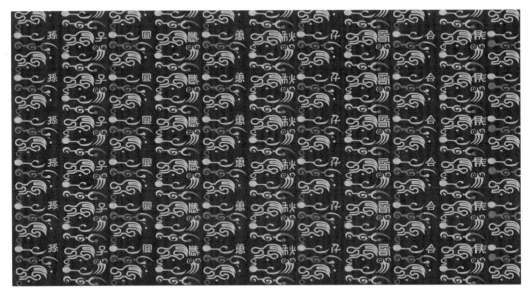

▲ 图 51 "王侯合昏千秋万代宜子孙"锦图案复原
汉—晋，原件新疆民丰尼雅出土

▲ 图 52 "五星出东方利中国"锦图案复原
汉—晋，原件新疆民丰尼雅出土

　　与织锦上的图案相仿，汉晋时期的刺绣上也出现了云气纹，其中以湖南长沙马王堆汉墓出土的一批汉代绣品最为典型。对照出土遣策，可知它们的名称分别为长寿绣、信期绣和乘云绣。长寿绣的纹样循环和云气块面较大，形成的效果也最生动（图 53）；乘云绣的纹样造型与长寿绣较接近，但循环略小些，纹样中有一鸟头，似为凤头，或为乘凤鸟之头（图 54）；信期绣发现较多，绣得较简单，线条较细，循环较小（图 55）。

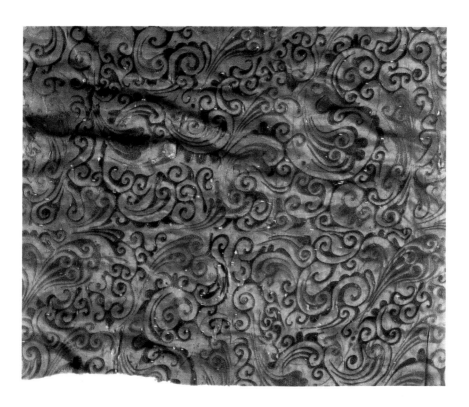

▲ 图 53　长寿绣
西汉，湖南长沙马王堆汉墓出土

▲图 54　乘云绣
西汉，湖南长沙马王堆汉墓出土

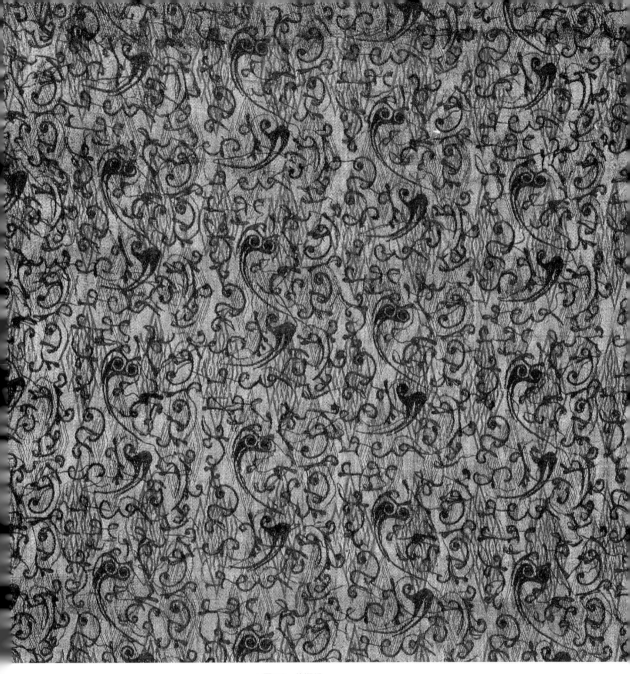

▲ 图 55　信期绣
西汉，湖南长沙马王堆汉墓出土

▲图 56　云纹绣
汉代，蒙古诺因乌拉出土

　　除马王堆汉墓之外，汉代云气纹刺绣还出现在蒙古诺因
乌拉（图 56）、甘肃武威磨咀子（图 57）、山东日照海曲
等许多地方。到了魏晋时期，云纹渐渐松散，中间会夹杂圆
形的星纹（图 58）。

▶ 图 57　云气纹绣图案复原
汉代，原件甘肃武威磨咀子汉墓出土

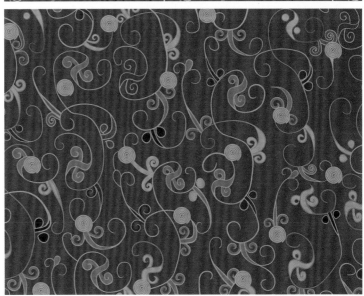

▶ 图 58　星云纹刺绣图案复原
魏晋，原件甘肃花海毕家滩出土

2.兽　面

兽面纹与商周时期青铜器上的饕餮纹或许有着某种联系，两者有些相似，均为有首无身的动物形象，不过前者下方通常保留两只细小的前肢。兽多为虎、豹、牛和羊等，目瞪口张，以鼻梁为轴左右对称。汉代史游《急就篇》中的"豹首"纹锦和魏文帝曹丕《与群臣论蜀锦书》中提到的"虎头锦"[①]应该就是指这类兽面纹锦。直到魏晋南北朝时期，兽面纹还能见于丝织物上。兽面纹常与其他纹样一起出现，或置于几何形骨架中。新疆山普拉和营盘墓地出土了好几件汉晋时期的兽面纹锦。山普拉出土的一件鸟兽纹锦枕（图59）上的图案为云纹之间穿插兽面、豹、麒麟、鸟和人物等纹样，另一件环璧兽面纹锦则在云纹骨架中置圆形的玉璧、兽面和立鹿等纹样；营盘出土的一件织有佉卢文字母的锦（图60）以涡状卷云为骨架，骨架中填兽面纹。斯坦因曾在楼兰编号为 L. C. 的墓葬群中发现了两件兽面纹锦，其中一件上的兽头双目圆睁，口大张，头下方有两只细小的前爪，左右各立一只麒麟；另一件上的兽头纹跟连枝灯、虎、龙等纹样横向并列横贯至通幅（图61）。[②]上述几件锦采用的都是平纹经重组织，是典型的中国生产的经锦。

---

① "《魏文帝诏》曰：前后每得蜀锦，殊不相比，适可讶，而鲜卑尚复不爱也。自吾所织如意虎头连璧锦，亦有金薄、蜀薄。来至洛邑，皆下恶。是为下工之物，皆有虚名。"参见：李昉.太平御览（八）.上海：上海古籍出版社，2008：268.
② Stein, A. *Innermost Asia* (Vol II). Oxford: Oxford at the Clarendon Press, 1928: pl. XXXVI, XXXVII.

▲ 图 59　鸟兽纹锦枕
汉—晋，新疆洛浦山普拉出土

▲ 图 60　兽面纹锦
汉—晋，新疆尉犁营盘出土

◄▶ 图 61　兽面纹锦图案复原
汉一晋，原件新疆若羌楼兰出土

新疆吐鲁番阿斯塔那出土的北朝时期的锦上依旧能看到兽面纹，不过其织物结构已经转变为平纹纬锦，图案也采用北朝时期开始出现的规矩纹骨架（图62）。

兽面纹不仅出现在锦上，也常见于单色暗花绮上。楼兰曾出土了一件红色的兽面杯纹绮，图案沿纬线方向为一列兽面纹和一列杯纹间隔排列（图63）。兽面两眼圆睁，口大张，鬃毛竖立。与其他丝织物上的兽面不同的是，此件绮上的兽面为两个一组，头顶相接。帕尔米拉发现的两件兽面纹绮，其中一件绮的图案沿纬线方向为一列兽面纹、一列外圆内方的几何纹，以及一列由三个菱形组合而成的杯纹（图64）；另一件绮的图案以菱格构成骨架，骨架相交处为六边形，骨架内为一排兽面和一排矩形间隔排列（图65）。这几件兽面纹绮的花部采用的也是3/1斜纹与1/1平纹以平纹方式排列的汉式组织，织造时，织工所面对的兽面为卧倒的状况，其原因在于汉绮的图案沿经线方向由提花综控制，同样的兽面图案倒过来织，循环最小，也最省提花综。

▲ 图 62　合蠡纹锦

北朝，新疆吐鲁番阿斯塔那出土

▲ 图 63　兽面杯纹绮图案复原

汉—晋，原件新疆若羌楼兰出土

▲ 图 64　兽面几何纹绮图案复原

汉代，原件叙利亚帕尔米拉出土

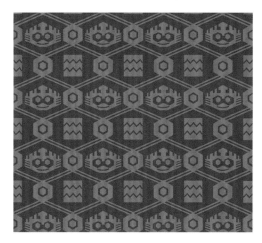

▲ 图 65　菱格兽面纹绮图案复原

汉代，原件叙利亚帕尔米拉出土

3. 连　璧

璧是中国古代重要礼器之一，常用于祭祀或者墓葬。璧用组带串联起来，则形成连璧。这种图案是对春秋战国至秦汉时期盛行的连璧制度的一种反映，近年来考古发现的楚国或楚系墓葬如湖北包山二号楚墓、沙冢三号楚墓中均可见用组带将玉璧系在棺外头挡处的情况。汉晋时期的墓葬中还出现了璧的图像，如马王堆一号汉墓的足挡上绘有双龙穿璧，新疆楼兰彩棺墓中的木棺四周和顶部也都装饰有连璧纹。这种饰璧或连璧制度虽不见于礼书的直接记载，但见于子书。如《庄子》中载："庄子将死，弟子欲厚葬之。庄子曰：'吾以天地为棺椁，以日月为连璧……吾葬具岂不备邪？'"《后汉书·舆服志上》载："大行载车，其饰如金根车，加施组连璧交络四角。"[1]可见在秦汉，玉璧即为天门的标志。

璧不仅用于装饰棺木或用于礼仪活动，也曾作为纺织品纹样出现在汉晋时期的丝绸上（图66）。史料中记载魏国生产的"如意虎头连璧锦"，指的应该就是以连璧纹和虎头纹为主题纹样的织锦。在新疆和帕尔米拉出土的织锦上也有不少类似图案（图67、图68）。

---

① 范晔. 后汉书. 北京：中华书局，1965：3651.

▲ 图 66　连璧兽纹锦图案复原
东汉

▲图 67　环璧兽面纹锦
汉—晋，新疆洛浦山普拉出土

▲图 68　连璧对龙纹锦
汉代，叙利亚帕尔米拉出土

4. 双头鸟

西北地区的新疆且末扎滚鲁克（图 69）、新疆吐鲁番阿斯塔那（图 70）和甘肃花海毕家滩（图 71）曾出土过纹样相似的刺绣，年代约为 4 至 5 世纪，其主题纹样是连体的双头鸟纹。鸟周围的纹样继承了汉代云气纹绣构图和造型，与星云纹很相似。这种双头鸟的形象早在汉代的画像石上就已出现，山东嘉祥武梁祠画像石上的双头鸟旁有一榜题，将其称作"比翼鸟"。这种比翼鸟最初表达的是"王者仁德"的希望，后来演变成夫妻恩爱的象征。

▲图 69　双头鸟纹绣
晋代，新疆且末扎滚鲁克出土

▲ 图 70　双头鸟纹绣
东晋，新疆吐鲁番阿斯塔那出土

▲ 图 71　双头鸟纹绣图案复原
前秦，原件甘肃花海毕家滩出土

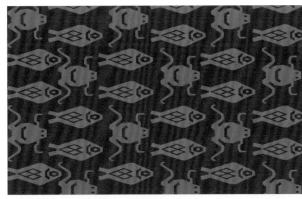

◀图 72　鱼蛙纹锦图案复原
东汉，原件新疆若羌楼兰出土

◀图 73　双鱼纹锦
汉代，蒙古诺因乌拉出土

5. 鱼和龙

汉晋时期以鱼纹作为织物纹样并不常见，但楼兰出土的一件鱼蛙纹锦上出现了双鱼纹（图72），诺因乌拉也出土过类似的锦（图73）。汉代《饮马长城窟行》中有诗句"客从远方来，遗我双鲤鱼"[①]，可见双鱼已被作为当时的装饰造型，在汉代的瓦当和铜洗上亦能看到双鱼纹。

---

① 　郭茂倩 . 乐府诗集 . 上海：上海古籍出版社，2016：98.

汉代云气动物纹锦上的龙纹除了表现为四足兽类形象，还有一种成对出现、龙身相交的图案，我们称之为"交龙纹"。早在战国时期的丝绸上就已出现交龙纹，至汉晋依旧可见。曹丕《与群臣论蜀锦书》中提到了洛阳曾产交龙锦，而扎滚鲁克出土的锦上有一种两条龙交缠盘绕的图案，很可能就是交龙锦（图74）。交龙有时也不完全相交，还有对称盘绕的情况。还有一种图案可能是由龙纹变化而来的，就是带钩纹（参见图24，图75）。虽然图75中这块带钩文锦图案已很抽象，但还是能辨认出早期龙纹的特征，而汉代的带钩也会采用龙首形装饰。直至北朝，丝绸上还能见到类似的龙身交缠的图案。

▲图74 交龙纹锦
汉—晋，新疆且末扎滚鲁克出土

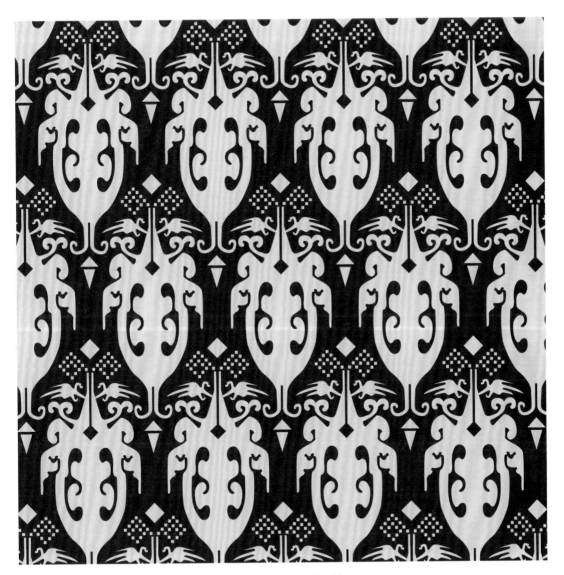

▲ 图 75　带钩纹锦图案复原
汉代，原件蒙古诺因乌拉出土

6. 植　物

（1）茱　萸

据《邺中记》记载，后赵石虎织锦署中生产的锦名中即有"茱萸"之名，但其纹样在丝绸上的实际应用可能更早。汉晋时期丝织物上有一种植物纹样，枝干卷曲，末端是一种三瓣裂叶形的花，此种图案很可能就是茱萸纹。以茱萸作为织物纹样带有吉祥辟邪的意义。马王堆出土的汉代刺绣、印染和织锦中，都出现了茱萸纹，其中锦上的茱萸纹样较为简单，仅一果壳，中有果实数点，与枝结合而成（图76）。尼雅和楼兰遗址中发现的茱萸纹枝干均变得更为卷曲了，或许是受到了当时云气纹骨架的影响，两者构图十分类似（参见图12）。

▶ 图 76　茱萸纹锦
西汉，湖南长沙马王堆汉墓出土

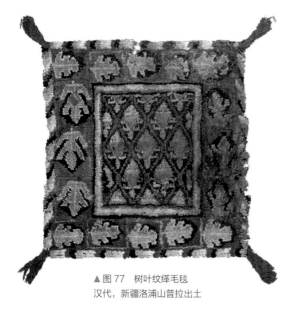

▲图 77　树叶纹缂毛毯
汉代，新疆洛浦山普拉出土

▲图 78　方格四叶纹锦
汉—晋

（2）树　叶

　　树叶纹早在汉代就作为纺织品图案出现在中国西北地区，最早出现在毛织物上，如新疆洛浦县山普拉汉墓群中发现的树叶纹缂毛毯，叶缘呈缺刻状，类似葡萄叶（图77）。汉晋时期的锦上亦有几何化的四叶纹，或许是汉代柿蒂纹的简化（图78）。

　　树叶纹是西域地区以及西方较为常见的装饰题材，在埃及安底诺（Antinoé）曾发现属于5至6世纪的斜纹纬锦上有不少植物叶子的纹样（图79）[1]。

_____

① 　Calament, F., & Durand, M. *Antinoé à la vie, à la mode: Visions d'élégance dans les solitudes.* Lyon: Musée des Tissus, 2013: 260-263.

▲ 图 79　埃及丝织物上的树叶纹
5–6 世纪，埃及安底诺出土

吐鲁番文书中丝织物纹样的相关记载中出现次数最多的就是树叶纹锦。阿斯塔那 170 号墓《高昌章和十三年（543 年）孝姿随葬衣物疏》中记载了用树叶纹锦制作的锦面衣和树叶纹锦丑衣，同墓《高昌章和十八年（548 年）光妃随葬衣物疏》中记载了树叶纹锦袴。[①] 而树叶纹锦在此墓中出土也最多，目前所见有覆面锦心、缠绕握木、手套、裤和绢褥缘边，实物跟文书中的记载基本吻合。树叶纹锦采用的是平纹经二重组织，一组经线为红色，另一组使用蓝、绿、白、黄四色进行交替织造。所以从正面看，它通常是在红地上做蓝、绿、白、黄色的树叶排列。但在反面，则可以看到是在蓝、绿、白、黄色彩条上排列红色的树叶纹（图80）。叶柄上的绶带显示它们受到西域风格的影响。

（3）葡　萄

葡萄是沿着丝绸之路传入中国的一种植物，它的名称本身就是一个外来语的音译。有学者认为葡萄是原产于亚洲西北部地区和埃及的一种古代人工栽植的植物，之后传播到希腊和罗马。直至汉代张骞出使西域，葡萄才沿丝绸之路传入中国。《汉书》中记载大宛人以葡萄酿酒，富人藏酒达一万多石，且数十年不坏，汉代的使者将葡萄籽带回中原。[②]

---

① 唐长孺.吐鲁番出土文书（壹）.北京：文物出版社，1992：143-144.
② 《汉书·西域传》中记载，"大宛左右以蒲陶为酒，富人藏酒至万余石，久者至数十岁不败""汉使采蒲陶、目宿种归"。

▲ 图 80　树叶纹锦
北朝，新疆吐鲁番阿斯塔那出土

　　1995 年尼雅三号墓地出土的一只木碗中盛有葡萄、沙枣和梨等，而在尼雅也发现了葡萄园遗址。这说明在汉代，新疆地区已经开始种植葡萄，这在尼雅出土的纺织品上也可以得到印证。1959 年尼雅曾出土过一件葡萄人物纹毛罽（图 81），共 5 块残片。图案无法拼接完整，但保留部分能看到挂有累累硕果的葡萄藤蔓、卷发人物、裸体躯干和兽头等。同年，尼雅还出土了一件葡萄纹绮（图 82），为一件服装的衣袖。绮浅黄色，采用汉式组织，从已发表的文物图片上能清楚地看到葡萄藤下方站立着裸体男性，手持葡萄串，一旁卧有形似老虎或狮子的动物，图案与帕尔米拉出土的锦上图案非常相似。此外，楼兰、山普拉和营盘等地也都出土过葡萄纹纺织品。

▲ 图 81　葡萄人物纹毛罽
汉代，新疆民丰尼雅出土

▲图82　葡萄纹绮图案复原
汉—晋，原件新疆民丰尼雅出土

▲图83 葡萄纹绣片
北凉，新疆吐鲁番阿斯塔那出土

　　相对而言，刺绣上的葡萄配色更丰富，布局更随意。吐鲁番阿斯塔那177号墓出土的一件十六国时期绣片采用劈针绣制作，图案中的藤蔓和叶片简化为线条，葡萄则是一串串地排列，大而圆，葡萄串间还有龙和朱雀（图83）。扎滚鲁克出土的一件葡萄纹绣片虽然残损严重，但能看到用锁针绣出的葡萄串和枝叶（图84）。

▲图 84　葡萄纹绣片
汉一晋，新疆且末扎滚鲁克出土

7. 列 堞

约在魏晋前后，丝织物上的云纹表现为涡状卷云，云呈拱形排列，中间以立柱相连，形成层层叠叠的拱券，拱券之间分布着龙、虎或朱雀等动物（图85）。《大业拾遗记》记载的"列堞锦"很可能就是这种涡云式云气动物纹锦。拱券或层楼的设计则可能是受到了西方建筑中拱券造型的影响，而分别在敦煌和吐鲁番发现的北朝时期和十六国的列堞锦（图86、图87）均为采用中原织造技术生产的平纹经锦，体现了东西方文化的交互影响。

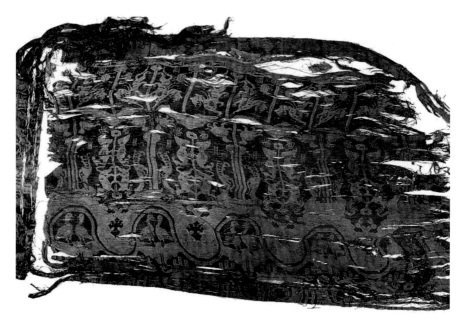

▲ 图85 "王侯"动物纹锦
汉—晋，西藏阿里出土

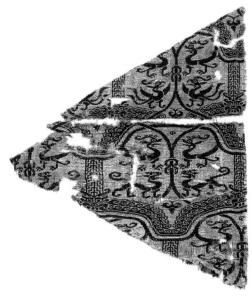

◀ 图 86　列堞禽兽纹锦
北朝，甘肃敦煌莫高窟发现

▼ 图 87　列堞禽兽纹锦
十六国，新疆吐鲁番阿斯塔那出土

8. 几何纹

（1）杯　纹

杯纹主要出现在战国中期到汉代的丝织物上，古代文献中也有杯纹绮的记载。[①]这种杯纹体现的应该是汉代耳杯，杯口椭圆形，浅腹平底，口沿两侧各有一个半月形或方形耳（图88）。

从战国至西汉初年的墓葬，特别是湖南长沙马王堆一号汉墓中出土的绮织物和罗织物来看，纹样中杯纹口沿的圆弧变成了直线，形成了中间一个大菱形，两侧各置一小菱形的图案（图89）。当时锦和绮上出现的大量由对称锯齿骨架组成的几何纹样，很可能也是一种变形杯纹。蒙古诺因乌拉出土的锦上，杯纹跟其他的主题纹样组合使用（图90）；新疆尼雅和叙利亚帕尔米拉出土的绮上，组成杯纹的菱形内部排列有树叶纹（图91）。

---

① "绮，欹也，其文欹邪，不顺经纬之纵横也，有杯文，文形似杯也"。参见：刘熙. 释名（卷四）. 北京：中华书局，1985：69.

▲ 图 88 云纹漆耳杯
西汉，湖南长沙马王堆汉墓出土

▶ 图 89 杯纹罗
西汉，湖南长沙马王堆汉墓出土

◀图 90　几何纹锦
汉代，蒙古诺因乌拉出土

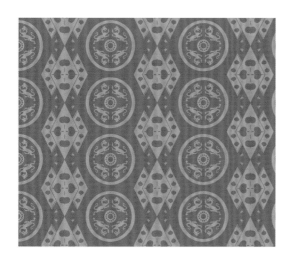

◀图91　四兽团窠杯纹绮图案复原
汉代，原件叙利亚帕尔米拉出土

▶图92　菱格对鸟对兽纹绮
汉—晋，叙利亚帕尔米拉出土

　　此外，杯纹有时也以骨架的形式出现，如马王堆出土的一件杯纹对鸟对兽纹绮的骨架中有三种不同的主题：对鸟、对兽和花卉。类似的暗花织物在帕尔米拉（图92）和新疆营盘也有发现。

（2）波纹和斑纹

汉晋时期织锦上的波纹是一种主要由上下曲折的曲线构成的规整纹样（图93）。文字锦中也有一类采用波纹骨架，其纹样很可能是一种云气纹的简化。曲波中间有时会织入鸟纹或其他纹样，如长沙马王堆和江陵凤凰山出土的孔雀波纹锦（图94）。尼雅墓葬中曾出土过一个锦袋，面料以黄色为地，蓝色显花，类似水波，也很像老虎的斑纹（图95），此锦也可能是《邺中记》中记载的"斑纹锦"。类似的织物在新疆其他地区也有发现。

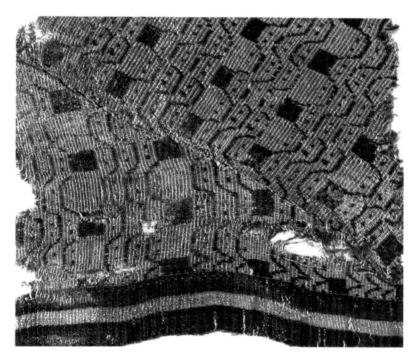

▲ 图93　波纹锦
汉—晋，新疆民丰尼雅出土

▲ 图 94　孔雀纹锦
西汉，湖南长沙马王堆汉墓出土

◀ 图 95　斑纹锦袋
汉一晋，新疆民丰尼雅出土

（3）龟　甲

龟甲纹指一种以六边形为单元排列而成的图案，因类似龟甲而得名，有时也称龟背纹。汉晋时期的锦上已出现简单的龟甲纹，以单线组成的六边形为单元，循环排列（图 96）。丝绸上更常见的是以龟甲形作为骨架。以正六边形的联珠或直线作为丝绸图案的骨架始于北魏，已知最早实例是敦煌发现的刺绣花边[①]，这与宁夏固原北魏墓中的棺板漆画风格完全一致。丝绸上常见的龟甲图案是以六边形作为骨架，中间填以主题纹样。龟甲图案在北朝和唐代的丝绸上发现很多，中国丝绸博物馆馆藏的一件北朝暗花绮织物的图案骨架由单线六边形和菱形间隔排列而成，中间分别放置对鸟和朵花纹，图案循环很小（图 97）。此类织物在新疆吐鲁番也有出土，六边形有时也作为图案的一个元素，组合排列成不同形状的单元。新疆吐鲁番阿斯塔那墓地出土的一批平纹纬锦上的六边形规则排列成朵花，花间有时还织有汉字"王""土"或"吉"（图 98）。

---

① 敦煌文物研究所.新发现的北魏刺绣.文物，1972（2）：54-60.

◀图 96　龟甲纹锦
汉一晋

◀图 97　龟甲对鸟纹绮
北朝

▲图 98　"吉"字锦
北朝，新疆吐鲁番阿斯塔那出土

（4）菱　形

菱形是一种在汉代至魏晋南北朝时期的丝绸上常见的图案。菱形纹本身很简单，但通过重复排列、大小变化，或者与其他纹样的组合，可以得到变化丰富的图案。蒙古诺因乌拉出土的菱纹锦以四个小菱形构成一个大菱形，小菱形中间各有一个圆点（图99）。新疆尼雅出土的菱格纹锦袜，纹样为菱形组成的满地菱格。菱形依照颜色可分为二行，一行是绛紫地蓝花，一行是白地蓝花间以绛紫色菱格，菱形中的图案为直线或小三角形（图100）。菱格还常用于斜编织物上的纹样，如尼雅出土的红蓝菱格纹头巾（图101）。扎滚鲁克亦出土了斜编菱格纹丝织带。

魏晋时期开始出现的绞缬织物上最常见的纹样是中空的小菱形，这是一种通过绑扎法得到的图案。甘肃花海毕家滩26号墓曾出土过一件东晋时期的紫色绞缬上衣（参见图34），绞缬图案为排列密集的空心小菱形。中国丝绸博物馆藏对襟宽袖绞缬绢衣亦采用此种图案（图102），类似的绞缬丝织物在甘肃敦煌佛爷庙、新疆于田和吐鲁番等地都有出土。这种小菱形是绞缬的典型图案，其制作原理是将织物重叠（或不叠）绑扎浸染颜色，拆开绑线后得到织物本色的放射状晕染花纹，因绑扎的织物面积小，解散后就自然形成小菱格。[1]

---

[1]　王孖.染缬集.王丹，整理.北京：北京燕山出版社，2014：65-85.

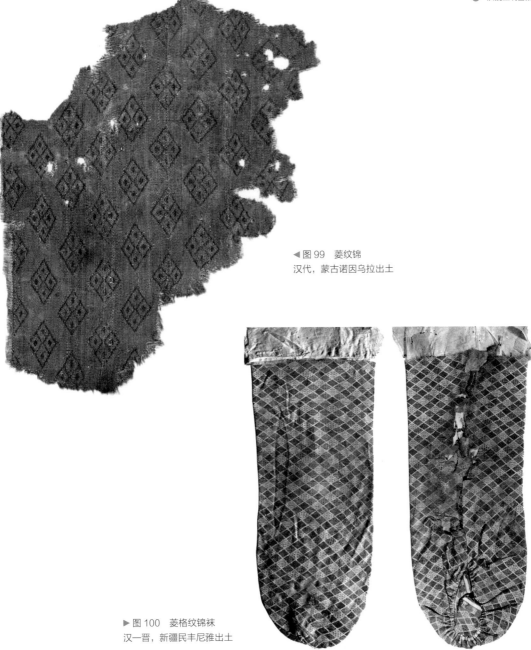

◀图 99　菱纹锦
汉代，蒙古诺因乌拉出土

▶图 100　菱格纹锦袜
汉—晋，新疆民丰尼雅出土

▲图 101　菱格纹头巾
汉—晋，新疆民丰尼雅出土

▲图 102　对襟宽袖绞缬绢衣
北朝

9. 锦上胡风

随着丝绸之路上文化交流的发展以及贸易往来的日益频繁，新的主题，如胡人、异域神祇、珍禽异兽等开始出现在中国的丝绸上，体现出外来艺术和文化对中国丝绸艺术的影响。

（1）珍禽异兽

汉代织锦上的动物纹大多为中国的传统题材，如龙、虎、豹、麒麟、鸾、凤、朱雀等。及至魏晋南北朝，一些来自西域的动物如狮子、大象、骆驼、孔雀等开始出现，影响了中原的丝绸设计。

狮子产自异域，印度阿育王时期（公元前 3 世纪）的石柱上雕刻着四只背对背蹲踞的雄狮，而在波斯，狮子被视为密特拉神（Mithra）的化身。汉代，狮子由西域进贡传入中原，当时的画像石上已能看到狮子的形象，但迟至东汉至魏晋时期，纺织品上才出现狮子形象。较早的实例是新疆营盘出土的狮纹栽绒地毯，虽已残缺，但仍能辨认出一只前肢伸直、后肢曲蹲的狮子。狮脸右转呈正视，颈后的鬃毛以折线表现。[①] 丝织物上大量出现狮子纹样，则要到北朝以后，最集中出土地为新疆吐鲁番。阿斯塔那出土的方格瑞兽纹锦（图 103）以及另一件私人收藏的山石狮纹锦（图 104）上都有非常相似的狮子纹。狮头上的鬃毛直顺，口微张，呈卧伏状，一只前爪扬起，尾巴上翘，有时呈忍冬卷叶纹。狮子多成对相向而列，形象较为温顺。这批丝织物都采用平纹经锦组织，为典型的中原产品。

---

① 赵丰，李文瑛 . 新疆出土的栽绒毯 // 赵丰，阿不都热苏勒 . 大漠联珠：环塔克拉玛干丝绸之路服饰文化考察报告 . 上海：东华大学出版社，2007：137-144.

▲ 图 103　方格瑞兽纹锦
北朝，新疆吐鲁番阿斯塔那出土

▲ 图 104　山石狮纹锦
北朝

　　几乎同一时期与狮子共同出现在中原织锦上的动物形象为大象。象在中国的艺术品上出现得很早，湖南出土的商代象尊已采用非常写实的象作为器型，但汉代中原地区已不产象，象多由南方进献。《后汉书》"卷四"载："六年春正月，永昌徼外夷遣使译献犀牛、大象。"[①]佛教中，释迦牟尼佛的协侍菩萨普贤的坐骑为象，文殊的坐骑为狮。佛教自印度传入中国后，象与狮一起作为佛教艺术的要素，频繁出现在艺术品上。与此同时，象又是南亚热带丛林中重要的交通工具，故丝绸上的象背上往往驮有人或物。前面提到的方格瑞兽纹锦（参见图103）上的象长鼻下垂，呈行进状态，背上铺着莲座，前方一人骑乘于上，后方为一华盖。狮象莲花纹锦（图105）的图案以双线条构成的六边形做骨架，最右侧的六边形中为狮子图案，狮子后腿跪地，前腿一条伸直，另一条则高高扬于头前，作回首状，尾部上翘，在狮子头尾之间织有"师子"二字，前后腿间织有"连"字，两条前腿间则织有"华"字。"师子"即为"狮子"，"连华"两字通假"莲花"。狮子的左侧是大象图案，大象背上驮一房屋状建筑，其中共坐着四个人，中间两个是正在演奏的乐人，其中一个乐人竖抱一状如半截弓状的乐器于怀，该乐器正是由西域传入中原的竖箜篌。大象的左侧是莲台，莲台最下方有九瓣莲花装饰，上方则置一宝珠，后有背光装饰，莲台的左右两侧各长出一两枝莲花，在莲座左右各织有"右""白"两字。可以推测，此件织物的图案当是以莲台图案为中心，狮象图案成镜像对称排列于两侧，体现了浓厚的佛教色彩。

---

①　范晔.后汉书.北京：中华书局，1965：177.

▲ 图 105 狮象莲花纹锦
北朝

　　沿着丝绸之路传到中原的动物除了狮和象，还有骆驼。人称"沙漠之舟"的骆驼是丝绸之路上的主要运载工具，原非中原所有。骆驼形象最早大量出现在新疆山普拉和扎滚鲁克墓地出土的缂毛织物上，这些织物以当地人民生活中常见的动物形象作为装饰图案。北朝时期，中原的壁画、画像砖和俑中都频繁出现胡人牵骆驼的形象，类似的主题也开始出现在中原织造的丝绸上。

　　这批织锦中最著名的是新疆吐鲁番阿斯塔那出土的两件"胡王"牵驼锦。其中一件"胡王"锦（图106）采用平纹经重组织，在小联珠组成的簇四骨架中分别填以狮子和牵驼人物，骨架间填以十字形辅花。牵驼人虽然描绘不精，但还是能看出其身着交领束腰窄袖袍，鼻子高高隆起，与同一时期俑或壁画中的胡人形象相似。人与骆驼之间织有"胡王"二字，与其他纹样一起在经向呈镜像对称，这也是一种省综的提花方式。图案为米黄色地上以红、黄、黑等色经线显花，经线分区显色，每一区域三色，使得图案呈现明显的条状区间。同墓出土了高昌建昌四年（558年）墓表、衣物疏和高昌延昌十六年（576年）衣物疏。另一件图案和配色都与其相似的"胡王"锦（图107）出土自高昌延昌二十九年（589年）唐绍伯墓。虽然这两件锦残损严重，但都保留了完整的胡王牵驼纹样和部分狮子纹样。在当时，胡王牵驼、狮子和大象这三个主题往往同时出现在丝织物上，丹麦戴维德藏品（the David Collection）中的一件蓝地经锦的图案以对波纹作为骨架，里面的主题呈镜像排列，包括胡人牵驼、狮子、象，以及位于庙宇下的佛和两侧的菩萨，身着长袍的男子和双峰驼之间有一个汉字"胡"（图108）。

◀图 106　"胡王"锦
北朝，新疆吐鲁番阿斯塔那出土

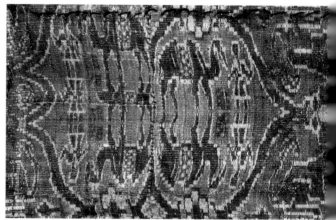

▶图 108　对狮对象胡人牵驼纹锦
北朝

◀ 图 107　"胡王"锦
北朝—隋，新疆吐鲁番阿斯塔那出土

　　驼载货物的骆驼在各种形态的骆驼中都占了极大比重，丝束、织物、毛毯是常见的骆驼驼载的货物品种，"无数铃声遥过碛，应驮白练到安西"，借助骆驼的运载，中国丝绸被输送到了中亚、西亚直至罗马，外来物品和事物也得以进入中国。古代丝绸之路上抹不掉骆驼的足迹，骆驼更是在古人观念中成了丝绸之路的象征符号。①

　　羊作为装饰纹样在中国出现得很早，商周时期的青铜器上已有不少以羊作为主题的纹饰。汉代织锦上已出现羊纹，但受到织造技术的限制，织锦上羊的形象不如其他艺术品上的写实。中国传统的羊纹是绵羊纹和山羊纹，北朝时，西亚羊的形象传入中国。新疆吐鲁番阿斯塔那出土的一件覆面上的羊身形矫健，四腿修长，头部长有两只弯曲的角，颈部则系有绶带，随风向后飘，构成三角形（图109）。这类平纹纬重组织采用了典型的西域本地技术，其无骨架的对称排列也被看成是西域一带的织锦图案排列方法。阿斯塔那出土的另一件对鸟对羊灯树纹锦的图案在纬线方向为倒置对称，从中央对称轴向两边依次为：一对口衔花叶的鸟，鸟背后立一株葡萄树；高大的灯树、树冠两侧各立一只鸟；树下方是两只相对而卧的大角羊，脖子各系一根向后飘的绶带（图110）。

　　孔雀产自南亚，新疆吐鲁番阿斯塔那墓葬中出土了好几件北朝至隋代的联珠孔雀纹经锦。其中一件的主题纹样是一对相向而立的孔雀，口衔花束，两侧悬挂幡状物。外套联珠环，联珠5个一组，共4组，由回字形方块间隔。环外的辅纹为对鹿、植物和

---

① 齐东方.丝绸之路的象征符号——骆驼.故宫博物院院刊，2004（6）：6-25.

▲ 图 109　对羊纹锦
北朝，新疆吐鲁番阿斯塔那出土

▲ 图 110　对鸟对羊灯树纹锦
北朝，新疆吐鲁番阿斯塔那出土

▲图 111　联珠"贵"字对孔雀纹锦图案复原
北朝—隋，原件新疆吐鲁番阿斯塔那出土

汉字"贵"（图 111）。另一件图案为联珠环内站立两只面面相对的孔雀，孔雀振翅立于花台之上，头顶上置一香炉；联珠环之间的辅花为两只回首的大角鹿或相向而奔的翼马，鹿和马的上下方各有一棵花树（图 112）。孔雀纹沿用至唐代，唐文宗即位时（826年）更是规定孔雀为三品以上的官服图案。①

———————————

① 王溥. 唐会要. 上海：上海古籍出版社，1991：681.

▲图 112　联珠孔雀纹锦
北朝，新疆吐鲁番阿斯塔那出土

（2）异域神祇

中国丝绸上最能反映中外文化交流的广度和深度的主题莫过于来自异域的神祇，最常见的是来自印度的提婆和希腊的太阳神。

新疆吐鲁番阿斯塔那出土的《高昌条列出臧钱文数残奏》（67TAM84：20）中多次提到"提婆锦"①，指的是产于中原并具有"提婆"图案的织锦。"提婆"是梵文"Deva"的音译，意为天神，文书中的提婆是印度的神祇。但提婆并不是一个具体的神名，而是一种通称，印度教中的湿婆和毗湿奴分别有过"摩诃提婆"和"婆苏提婆"的别称。一件私人收藏的北朝时期的经锦（图113）上的主体纹样是一庑殿顶建筑，屋顶正脊两端有北朝风格的鸱尾，建筑沿袭中原传统风格。殿内为一主二宾的形象，中央是一主跌坐于圆形台座，头戴冠，二宾头挽顶髻，持三叉戟分立两旁。类似的主题还可见于青海都兰热水墓出土的对波楼堞兽面纹锦中的一个局部（图114），同为一主跌坐于中台，二宾持械旁立的造型。初看起来，这些图案很像是西北地区石窟中常见的一佛二弟子造型，其实不然。其间最大的区别是织锦中为一主头带冠，而侧宾则手执三戟叉，甚至还有蛇状物。在中国西南地区的佛教石窟造像中均能看到手持三戟叉的大黑天神造像。北朝织锦中的一主二宾人物形象与西南石窟中的大黑天神及大日如来等造像非常相似，可能有着共同的源头。湿婆、毗湿奴、梵天是婆罗门教中的三大主神，大日如来则是密教中的主神，毗湿奴的第八化身大黑天神

---

① 唐长孺.吐鲁番出土文书（贰）.北京：文物出版社，1992：2.

▲ 图 113　人物建筑纹锦
北朝

▲ 图 114　对波楼堞兽面纹锦（局部）
北朝，青海都兰热水墓出土

后来则成为密教的护法神。^① 而密教虽属佛教，但在文化艺术上则更多地保留了印度的传统，故这些织物上的神祇造型应是印度文化的结晶。具体地说，或许就是大日如来和大黑天神的形象，但在称呼上却可笼统地称为"提婆"。

希腊太阳神赫利阿斯（Helios）是为数不多的能明确考证出的中国丝绸上的西方神祇。传说他是提坦巨神赫披里昂和特伊亚的儿子，他每日驾四马金车在空中奔驰，从东到西，晨出暮没，让阳光普照人间。这一形象在欧洲的青铜时代已有发现，但对其的崇拜盛于公元前5世纪的古典希腊时代。大约在马其顿国王亚历山大东征时，赫利阿斯的形象也随之来到东方。建于公元前100年前后的菩提伽耶围栏上雕刻着印度的太阳神苏利耶（Surya）的形象，亦是坐于一队马匹所拉的二轮战车之上，是纯粹的希腊艺术的输入。据《秘藏记末》载，中亚佛教中的"日天"（即日神）形象也是"赤肉色，左右手持莲花，并乘四马车轮"^②，考之于拜城克孜尔和敦煌莫高窟壁画中的日天形象可证此言不虚，只是图有简略而已。这大概是掺入了印度佛教因素后的赫利阿斯。

赫利阿斯出现在北朝至隋朝期间的织锦上，则体现出了多元文化因素。青海都兰热水墓出土的云珠太阳神锦（图115）是西北地区所出土各种太阳神纹锦中最为典型的一件。其簇四骨架由外层卷云和内层联珠组合成圈，圈间用铺首和小花相连，圈外是卷云纹和中文"吉"字，圈内是太阳神赫利阿斯。他头戴宝冠，上顶华盖，身穿交领衫，腰间束紧，双手持定印放在身前，双脚

---

① 赵丰.魏唐织锦中的异域神祇.考古，1995（2）：180.
② 转引自：赵丰.魏唐织锦中的异域神祇.考古，1995（2）：182-183.

▲ 图 115　云珠太阳神锦
北朝，青海都兰热水墓出土

◀图 116　云珠狩猎太阳神锦
北朝，新疆吐鲁番阿斯塔那出土

相交，坐于莲花宝座，头后方有联珠光圈。宝座设于六架马车之上，车有六轮，中为平台，六马均是带翼神马，三三相背而驰，车上有两位持戟卫士，似为驾车者，还有两人仅露头和肩，似为执龙首幡者。从图像分析可知，这一赫利阿斯形象含有来自希腊、印度、波斯、中国等文化圈的因素。虽其表现为希腊的神、希腊的题材，但其造型却明显具有印度佛教的意味，华盖、头光、幡、莲花宝座等均是佛教中特有的因素。至于联珠圈等装饰性纹样及整个簇四骨架构图，则是萨珊波斯的风格。此锦上的中国文化因素就更多了：环上的铺首、伞盖上悬垂的龙首幡，锦采用的平纹经二重组织结构也表明它产自中原。由此看来，赫利阿斯从西方走到东方、从上古走到中世，其造型也经历了很多变化。同类织物在新疆吐鲁番亦有出土。阿斯塔那 101 号墓中出土了一件云珠狩猎太阳神锦（图 116）图案采用圆圆相切形成的簇四骨架。这一圆形骨架由内外两层构成，外层为蓝地或绿地上显白色涡状云纹，内层则是黄地上白色的联珠纹。靠近织物幅边的圆形骨架内主要为狩猎纹，由上到下有绿色飞鸟或飞天形象、白色奔象、蓝色骑马射鹿人、白色卧狮和绿色骆驼，均为两两相对状，其中对狮之间有一莲花座，对骆驼之后有忍冬纹。另一个圆形骨架约残留一半，经与都兰出土的太阳神纹锦比较，可知其中为一太阳神像。太阳神坐于莲花座之上，莲花座则由四驾马车驱动。

（二）图案布局

总的说来，锦绮织物上的图案采用连续排列的形式，由图案单元循环而成，四方连续或二方连续。但若加以细分，不同时期的图案排列方式也会不同，除了受到织造技术的制约，也受到其他艺术形式的影响。相对而言，刺绣上的图案排列方式最为自由，通常没有严格的循环。

1. 锦绮图案排列方式

从织造技术上看，中国古代传统的平纹经锦的图案只在经线方向循环，纬线方向不循环。典型的例子是出土自湖北江陵马山楚墓的舞人动物纹锦，织物最左端的对龙有着明显的织造错误，矩形和龙尾部分出现了断裂（图117）。这一错误在所有的图案循环中被一再重复，说明错误是在织造前编织花本时产生的，以致在织造过程中无法加以改正。这从另一方面证实了当时中国的丝织技术中确实已有提花装置来控制图案在织物中的重复，但还不能控制其纬向循环，故织物在整个幅宽范围内纬向图案无循环。

汉晋时期云气纹锦上的铭文从右至左通幅排列也印证了经锦的图案循环规律。但作为骨架的云纹和穿插其间的动物排列在一个图案循环里，却又是有规律可循的。一种是以组合云纹为单元，在幅宽内重复排列，如"王侯合昏千秋万代宜子孙"锦的云纹骨架以 A 为单元重复排列（参见图51，图118）；另一种则以幅宽中线为中轴线，云气和动物左右镜像对称排列，如"五星出东方利中国"锦的云纹骨架由 A 和 –A 两个镜像单元组成（参见图52，图119）。受到织机花本的限制，平纹经锦上的图案循环一般不会很大，图案单元通常呈狭长的带状。

▲ 图 117　舞人动物纹锦
战国，湖北江陵马山墓出土

▲ 图 118　"王侯合昏千秋万代宜子孙"锦云纹骨架
汉—晋，原件新疆民丰尼雅出土

▲ 图 119　"五星出东方利中国"锦云纹骨架
汉—晋，原件新疆民丰尼雅出土

▲图 120　菱格动物兽面纹绮图案单元排列
汉—晋，原件新疆尉犁营盘出土

　　类似的排列方式也出现在汉晋时期的暗花织物上，以致上面的主题纹样大多成对排列，且通常呈卧倒的形式。如新疆出土的菱格动物兽面纹绮，图案在纬向不循环，利用花综正序（A）和倒序（–A）交替织造，图案单元的纬线数是花综数的两倍（图 120）。

　　魏晋南北朝时期，中国丝绸纹样除了主题有所改变，图案排列方式亦与之前大有不同，出现了各种不同的骨架，常见的有矩形、菱形、龟甲、套环、交波、对波骨架等，骨架中填以主题纹样（图 121）。

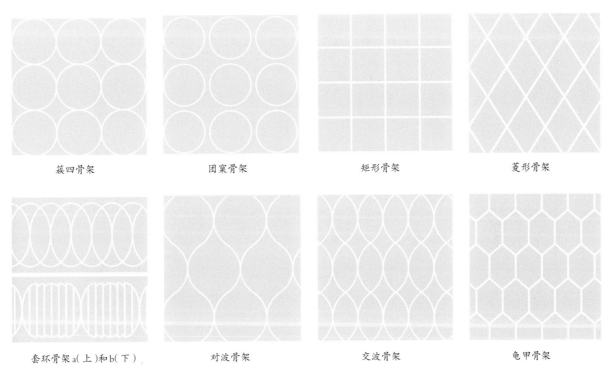

| 簇四骨架 | 团窠骨架 | 矩形骨架 | 菱形骨架 |

| 套环骨架a（上）和b（下） | 对波骨架 | 交波骨架 | 龟甲骨架 |

▲ 图121　北朝丝绸上常见的骨架排列方式

　　团窠骨架通常是以联珠、卷云等元素或多种元素构成环状团窠的骨架，其中以联珠团窠最为常见。若四方相连则构成簇四团窠（图122）；若团窠间留有一定的空隙，则填以辅助纹样，多为植物花卉，有时也会出现动物甚至是人物（参见图112，图123）。通常认为联珠纹团窠源自波斯和中亚，它不仅出现在丝绸上，也常见于金属制品或建筑装饰上。传入中国后，联珠骨架除了单纯由圆珠构成，有时还会与卷云、花和叶等构成复合联珠。

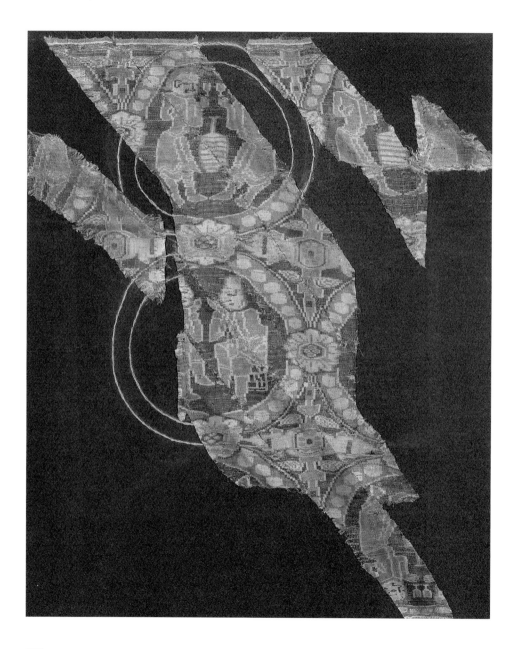

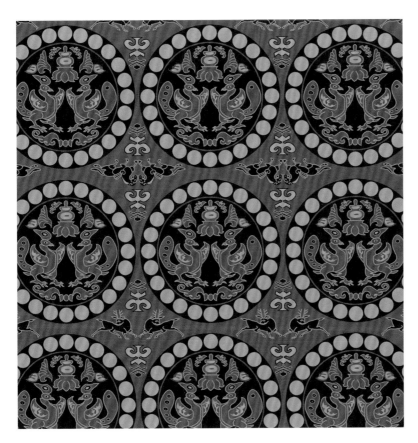

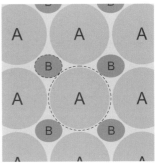

◀ 图 122　联珠对饮对坐纹锦
北朝

▲▶ 图 123　联珠孔雀纹锦图案复原及图案排列
北朝，原件新疆吐鲁番阿斯塔那出土

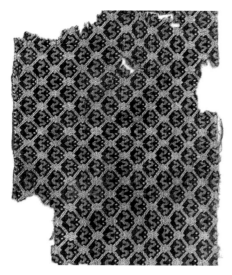

▲图 124　菱格曲线纹锦
汉—晋，新疆且末扎滚鲁克出土

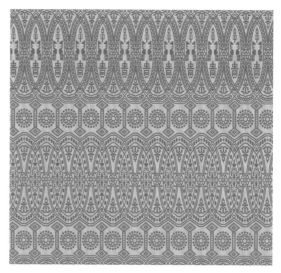

▲图 125　套环"贵"字纹绮图案复原
北朝—隋，原件新疆且末扎滚鲁克出土

　　已知中国最早出现的有明确纪年的联珠纹图像出自山西太原徐显秀墓（571 年），壁画中人物服装和马鞍褥上都绘有联珠纹。新疆吐鲁番阿斯塔那墓地出土的 6 世纪下半叶的经锦上亦有大量联珠团窠纹，这些织物的图案受西域影响，采用的却是中原的织造技术。

　　规矩骨架指矩形或菱形的骨架，骨架经常由联珠构成，新疆吐鲁番阿斯塔那出土的方格瑞兽纹锦则是在直线条构成的方形骨架中排列狮、象和牛等动物（参见图 103）。扎滚鲁克出土的菱格曲线纹锦以直线构成菱格骨架，线条相交处装饰花结，菱格内为一曲线纹及两个白色圆点（图 124）。

　　套环是北朝晚期至隋朝流行起来的一种图案骨架，通常由联珠或卷云构成圆环或椭

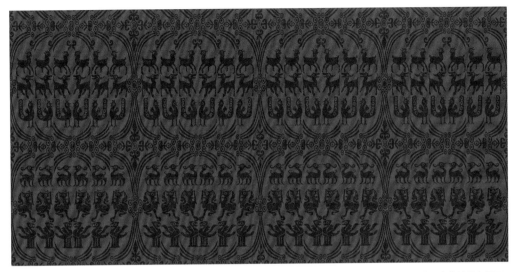

▲ 图 126　套环鸟兽绮图案复原
北朝—隋

圆环，环环相套，环内置动物、花卉甚至汉字。动物一般成对出现，常见的有对龙、对凤、对狮、对孔雀等。图案虽然看起是簇四团窠，但并不是以整个团窠作为循环单元，真正的图案单元很窄，且分为环饰区和主题区两部分。织造时先从环饰区织到主题区，重复若干次，再逆织，完成一个循环。这是一种非常特殊的织造技术，能用少量的花综产生复杂的团窠效果。新疆吐鲁番阿斯塔那出土套环"贵"字纹绮（图 125）采用 a 型骨架，图案以一个单元对称后循环排列，形成的套环连环相套，内填以"贵"字、对鸟、忍冬和花卉等纹样。图案沿经线方向循环，以较小的循环单元镜像重复，形成两倍宽的椭圆环。中国丝绸博物馆藏套环鸟兽绮（图 126）采用 b 型骨架，图案分中心和边缘两部分，对称循环后得到一个类似簇四团窠的造型，骨架内排列狮、孔雀、鹿等动物。

　　对波是指将波形曲线对称搭接而成的一种骨架结构。这种形式的图案在公元前 2 世纪的印度桑奇佛塔石雕上就已出现，亦常用作贵霜时代的犍陀罗艺术和马图拉艺术中的边饰。[①] 常见的对波骨架多采用藤蔓构成，主要包括两种类型：一种是相互交缠型，即两条藤蔓交缠后张开为相对的两个弧形，然后再次抱合交缠，反复不断；另一种是不相交缠型，两条藤蔓如波浪状延伸，对开对合。新疆尉犁营盘墓地曾出土过魏晋时期的鹰蛇飞人罽（图 127），被认为是中亚、西亚一带的产品，采用的就是以不相交缠型藤蔓构成的对波骨架。丝绸上的对波纹流行于北朝至初唐时期，骨架中的主题纹样常成对出现。如果两条波形曲线对称相交，则构成交波骨架。中国丝绸博物馆藏对狮对象胡人牵驼锦（图 128）的图案以对波纹为骨架，骨架中排列各种不同的纹样母题。织物中间为建筑与神像，另外三组纹样，即走象、卧狮和牵驼，在建筑物左右由远至近依次排列。图案沿经线方向镜像对称，因此每一个骨架中表现的都是一正一倒的两个形象。驼下还织有铭文"胡"字，可能表现的是丝绸之路上的胡商形象。

---

① 扬之水."曾有西风半点香"——对波纹源流考.敦煌研究，2010（4）：1-8.

◄ 图 127　鹰蛇飞人罽
魏晋，新疆尉犁营盘出土

▲ 图 128　对狮对象胡人牵驼锦
北朝

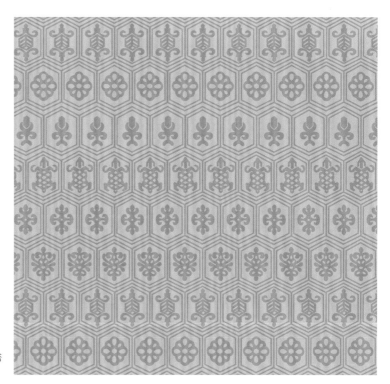

▶ 图 129　龟背纹绮图案复原
北朝，原件新疆吐鲁番阿斯塔
那出土

　　龟甲骨架大约出现在北朝时期，是一种六边形组成的骨架。前文介绍龟甲纹时已对龟甲骨架加以说明。[1] 有趣的是，一些以龟甲为骨架的暗花织物的主题纹样之一就是龟。吐鲁番阿斯塔那出土的一件黄色暗花绮（图 129）以直线构成的六边形作为骨架，

---

① 参见第 96 页。

内部填以龟和朵花。龟甲骨架也会跟其他骨架结合使用，如中国丝绸博物馆藏的一件北朝时期经锦（图130）的图案骨架由龟甲和对波交错构成，这两种骨架在连接处均以八瓣小花作纽。骨架之中的动物分为两种，隔行排列：一行为对鹿和对狮，另一行则为对鹿和对凤。

2. 刺绣图案排列方式

一些大型的绣品如绣像，采用与绘画相似的布局；一些小型绣件，多采用适合纹样，以对称式适合纹样最为常见；一些服饰根据穿戴情况采用定点纹样，装饰局部；还有一些绣品则采用近似二方连续或四方连续的排列方式。

早期的刺绣，如汉代的云纹绣，因为采用费工费时的锁针，图案单元不大，排列看起来有规律，采用近似四方连续的形式，但其实并不是很严格（参见图53、54、55）。单个散点的排列通常采用二二错排的形式，呈45度斜向排列的效果（图131）。还有一些刺绣则根据绣品用途，采用四方连续和二方连续结合的图案排列方式。中国丝绸博物馆收藏的一块团花纹绣片（图132），中间部分用彩色丝线以锁针绣出四方连续的团花，周围则是二方连续的彩色菱格纹边框，以平绣绣成。

◀ 图130　狮鹿纹锦图案复原
北朝

▲▶ 图 131　云气纹绣及其图案排列
汉代，甘肃武威磨咀子汉墓出土

▲ 图 132　团花纹绣片
北朝

▲ ▶ 图 133　忍冬纹绣边饰及图案排列
北魏，甘肃敦煌莫高窟出土

　　一些绣像虽然采用绘画的布局，但其边饰往往采用二方连续的布局。如敦煌莫高窟出土的北魏刺绣，绣像上半部分是坐佛和菩萨，下方为供养人和发愿文（参见图 43），其边饰采用一排团窠和龟甲骨架，骨架内外填以忍冬纹（图 133）。

　　由于出土文物大多残损，发现的定点纹样并不是很多。中国丝绸博物馆收藏了一件西晋至十六国时期的上衣的接袖（图 134），绣地为白色绮，上面用红黄绿三色丝线绣出朵花及人物。朵花为背景纹饰，以菱格形点状方式排列，各朵之大小、形象相近，均由三瓣绿色花叶构成。接袖正面的朵花之中立有一位戴插羽小冠的人物，上着红色腰襦，下着黄绿两色八破间裙，正视前方，双臂平举，双掌上扬。

▲ 图 134　刺绣接袖
西晋至十六国

　　相对而言，绣品中更常见的是适合纹样，刺绣时根据绣地的形状安排图案的布局，使其撑满绣地。绣像多采用适合纹样的布局，而一些小件绣品也会采用此种布局。新疆吐鲁番阿斯塔那出土的鸟兽纹刺绣针衣（图135），展开呈长方形，三层折叠后为边长约8厘米的正方形。面料为蓝色绮，上面用红色和白色丝线采用锁针绣出图案。图案骨架为直线、锯齿和小段曲线构成的矩形骨架，每个单元格内立一展翅立鸟或立兽等动物纹样，角隅绣以螺旋线段。阿斯塔那出土的另一块长方形刺绣以狭长的彩色菱格构成边框，中间满绣中轴对称的花卉纹（图136）。

◀ 图 135　鸟兽纹刺绣针衣
十六国，新疆吐鲁番阿斯塔那出土

▼ 图 136　花卉纹绣片
十六国，新疆吐鲁番阿斯塔那出土

结语
CONCLUSION

丝绸是中国历史文明、文化、社会经济的一个重要组成部分，是中华文明史上最能代表中国民族文化的物质类别之一。从汉代开始，丝绸之路从长安开始，途经河西走廊，穿过塔里木盆地，直达地中海沿岸，而养蚕和丝织技艺也沿着丝绸之路由中原传入西方，为人类文明做出了巨大贡献。

秦汉时期，神仙思想盛行，统治阶级泰山封禅，建仙阁灵宫，就是为了招仙入室或引魂升天。神仙思想在工艺美术上的表现则为云雾缭绕、瑞兽出没的神山仙境，在丝绸上也有明显的体现，马王堆出土的西汉印染、刺绣和丝绸之路沿线出土的汉晋时期的织锦、刺绣上都出现了大量云气动物纹。云气动物纹锦中还常织有汉字铭文，多是一些祈福或具有吉祥含义和特殊含义的语句或词语，这些文字不仅反映了当时的社会思想、人们的信仰理念，而且有的可能还涉及当时重大社会政治事件。及至魏晋，中国传统的云气动物纹样开始僵化并衰退，而随着丝绸之路艺术文化的交流，外来图案主题，如异域珍禽异兽、胡人和异域神祇出现在中国的丝绸上，图案构成和排列较之前也有了新的变化，东西方设计艺术兼容并蓄，直接影响了隋唐丝绸图案。

Becker, J., & Wagner, B. *Pattern and Loom*. Copenhagen: Rhodos International Publishers, 1987.

Florence, C., & Durand, M. *Antinoé à la vie, à la mode: Visions d'élégance dans les solitudes*. Lyon: Mus é e des Tissus, 2013.

Riboud, K., & Vial, G. *Tissus de Touen-Houang : conservés au Musée Guimet et la Bibliothèque Nationale*. Paris: L'Institut des Hautes Etudes Chinoises de Paris, 1970.

Rutherford, J., & Menzies, J. *Celestial Silks: Chinese Religious & Court Textiles*. Sydney: The Art Gallery of New South Wales, 2004.

Schmidt-Colinet, A., Stauffer, A., & Al-Asad, K. *Die Textilien aus Palmyra: Neue und alter Funde*. Mainz am Rhein: Philipp von Zabern, 2000.

Stein, A. *Ancient Khotan*. Oxford: Oxford at the Clarendon Press, 1907.

Stein, A. *Innermost Asia*. Oxford: Oxford at the Clarendon Press, 1928.

Trever, C. *Excavations in Northern Mongolia (1924—1925)*. Leningrad: J. Fedorov, 1932.

Pfister, R. *Textiles de Palmyre*. Paris: Editions d'Art et d'Histoire, 1934.

梅原末治.蒙古ノイン・ウラ発見の遺物.東京:東洋文庫,1960.

阿不都热苏勒,李文瑛.楼兰 LE 附近被盗墓及其染织服饰的调查 // 赵丰,阿不都热苏勒.大漠联珠:环塔克拉玛干丝绸之路服饰文化考察报告.上海:东华大学出版社,2007:59–73.

班固.汉书.北京:中华书局,2007.

邓荃.《诗经·国风》译注.北京:宝文堂书店,1986.

敦煌文物研究所.新发现的北魏刺绣.文物,1972(2):54–60.

范晔.后汉书.北京:中华书局,1965.

甘肃省博物馆.甘肃武威磨咀子汉墓发掘.考古,1960(9):15–28.

甘肃省博物馆.武威磨咀子三座汉墓发掘简报.文物,1972(12):9–23.

甘肃省文物考古研究所.甘肃武威磨咀子东汉墓(M25)发掘简报.文物,2005(11):32–38.

高汉玉.中国历代织染绣图录.上海:上海科学技术出版社,1986.

郭茂倩.乐府诗集.上海:上海古籍出版社,2016.

郭正忠.三至十四世纪中国的权衡度量.北京:中国社会科学出版社,1993.

何介均.马王堆汉墓.北京:文物出版社,2004.

湖北省荆州地区博物馆.江陵马山一号楚墓.北京:文物出版社,1985.

湖南省博物馆,中国科学院考古研究所.长沙马王堆一号汉墓(下集).北京:文物出版社,1973.

黄能馥.中国美术全集 工艺美术编 6 印染织绣(上).北京:文物出版社,1991.

李昉.太平御览(八).上海:上海古籍出版社,2008.

刘熙.释名（卷四）.北京：中华书局，1985.

刘歆.西京杂记.葛洪，辑.北京：中国书店，2019.

吕烈丹.南越王墓出土的青铜印花凸版.考古，1989（2）：178-180.

齐东方.丝绸之路的象征符号——骆驼.故宫博物院院刊，2004（6）：6-25.

上海市丝绸工业公司，上海市纺织科学研究院.长沙马王堆一号汉墓出土纺织品的研
　　究.北京：文物出版社，1980.

赫定.我的探险生涯.孙仲宽，译.乌鲁木齐：新疆人民出版社，1997.

孙机.汉代物质文化资料图说.上海：上海古籍出版社，2008.

唐长孺.吐鲁番出土文书（壹）.北京：文物出版社，1992.

唐长孺.吐鲁番出土文书（贰）.北京：文物出版社，1994.

王博，等.扎滚鲁克纺织品珍宝.北京：文物出版社，2016.

王溥.唐会要.上海：上海古籍出版社，1991.

王乐.丝绸之路织染绣服饰研究·新疆段卷.上海：东华大学出版社，2020.

王乐.中国古代丝绸设计素材图系·汉唐卷.杭州：浙江大学出版社，2018.

王乐，赵丰.从中国到罗马——帕尔米拉出土丝绸图案体现的艺术交流.艺术百家，
　　2018（5）：195-202.

王明芳.三至六世纪扎滚鲁克织锦和刺绣 // 赵丰.西北风格——汉晋织物.香港：艺纱堂 /
　　服饰出版，2008：18-39.

王矛.染缬集.王丹，整理.北京：北京燕山出版社，2014.

新编汉魏丛书编纂组.新编汉魏丛书（1）.厦门：鹭江出版社，2013.

新疆博物馆,巴州文管所,且末文管所.新疆且末扎滚鲁克一号墓地.新疆文物,1998(4): 1-53.

新疆楼兰考古队.楼兰古城址调查与试掘简报.文物,1988（7）:1-22.

新疆楼兰考古队.楼兰城郊古墓群发掘简报.文物,1988（7）:23-39.

新疆维吾尔自治区博物馆.吐鲁番县阿斯塔那—哈拉和卓古墓群发掘简报（1963— 1965）.文物,1973（10）:7-27,82.

新疆维吾尔自治区博物馆,巴音郭楞蒙古自治州文物管理所,且末县文物管理所.1998 年扎滚鲁克第三期文化墓葬发掘简报.新疆文物,2003（1）:1-19.

新疆维吾尔自治区博物馆,出土文物展览工作组.丝绸之路——汉唐织物.北京:文物 出版社,1972.

新疆维吾尔自治区博物馆,新疆文物考古研究所.中国新疆山普拉——古代于阗文明的 揭示与研究.乌鲁木齐:新疆人民出版社,2001.

新疆维吾尔自治区文物事业管理局,等.新疆文物古迹大观.乌鲁木齐:新疆美术摄影 出版社,1999.

新疆文物考古研究所.尼雅95一号墓地3号墓发掘报告.新疆文物,1999（2）:1-26.

新疆文物考古研究所.新疆尉犁县因半古墓调查.文物,1994（10）:19-30.

许慎.说文解字注.段玉裁,注.上海:上海古籍出版社,2006.

扬之水."曾有西风半点香"——对波纹源流考.敦煌研究,2010（4）:1-8.

张俊民.甘肃玉门毕家滩出土的衣物疏初探.湖南省博物馆馆刊,2010（7）:400-407.

赵丰.敦煌丝绸艺术全集·敦煌研究院卷.上海:东华大学出版社,即将出版.

赵丰.纺织考古新发现.香港:艺纱堂/服饰出版,2002.

赵丰.锦程:中国丝绸与丝绸之路.香港:香港城市大学出版社,2012.

赵丰 . 丝路之绸：起源、传播与交流 . 杭州：浙江大学出版社，2017.

赵丰 . 魏唐织锦中的异域神祇 . 考古，1995（2）：179–183，196.

赵丰 . 西北风格——汉晋织物 . 香港：艺纱堂 / 服饰出版，2008.

赵丰 . 新疆地产绵线织锦研究 . 西域研究，2005（1）：51–59，115.

赵丰 . 织绣珍品——图说中国丝绸艺术史 . 香港：艺纱堂 / 服饰出版，1999.

赵丰 . 中国丝绸通史 . 苏州：苏州大学出版社，2005.

赵丰，李文瑛 . 新疆出土的栽绒毯 // 赵丰，阿不都热苏勒 . 大漠联珠：环塔克拉玛干丝
    绸之路服饰文化考察报告 . 上海：东华大学出版社，2007：137—144.

赵丰，齐东方 . 锦上胡风 丝绸之路纺织品上的西方影响（4—8 世纪）. 上海：上海古籍
    出版社，2011.

赵丰，于志勇 . 沙漠王子遗宝 . 香港：艺纱堂 / 服饰出版，2000.

中国丝绸博物馆 . 中国丝绸博物馆《丝路岁月：大时代下的小故事》展览图录 . 杭州：
    中国丝绸博物馆，2019.

中国新疆维吾尔自治区博物馆，日本奈良丝绸之路学研究中心 . 吐鲁番地域与出土绢织
    物 . 内部刊物 . 2000.

图片来源

SOURCES

图序	图片名称	收藏地	来源
1	印花敷彩黄纱绵袍	湖南省博物馆	《长沙马王堆一号汉墓（下集）》
2	信期绣绮香囊	湖南省博物馆	《长沙马王堆一号汉墓（下集）》
3	锦缘绢绣草编盒	甘肃省博物馆	《丝绸之路——汉唐织物》
4	素纱袋	甘肃省博物馆	《丝路之绸：起源、传播与交流》
5	水草立鸟纹锦	新疆维吾尔自治区博物馆	《西北风格——汉晋织物》
6	菱格纹锦	新疆维吾尔自治区博物馆	《西北风格——汉晋织物》
7	"韩仁绣文衣右子孙无极"锦	印度新德里国家博物馆	本书作者拍摄
8	"登高明望西海"锦	印度新德里国家博物馆	『シルクロードの染織―スタイン・コレクション　ニューデリー国立博物館蔵』
9	半袖绮衣	新疆文物考古研究所	《大漠联珠：环塔克拉玛干丝绸之路服饰文化考察报告》
10	刺绣手套	新疆文物考古研究所	《大漠联珠：环塔克拉玛干丝绸之路服饰文化考察报告》
11	"延年益寿大宜子孙"锦鸡鸣枕	新疆维吾尔自治区博物馆	《丝路之绸：起源、传播与交流》

图序	图片名称	收藏地	来源
12	茱萸纹锦面衣	新疆文物考古研究所	《沙漠王子遗宝》
13	锦栉袋	新疆文物考古研究所	《沙漠王子遗宝》
14	"五星出东方利中国"锦护臂	新疆维吾尔自治区博物馆	《沙漠王子遗宝》
15	蔓草纹刺绣绢枕	新疆维吾尔自治区博物馆	《中国新疆山普拉——古代于阗文明的揭示与研究》
16	刺绣护颌罩	新疆维吾尔自治区博物馆	《中国新疆山普拉——古代于阗文明的揭示与研究》
17	绢夹襦	新疆文物考古研究所	《沙漠王子遗宝》
18	香囊	新疆文物考古研究所	《新疆文物古迹大观》
19	冥衣裤	新疆文物考古研究所	《沙漠王子遗宝》
20	绞缬绢	新疆文物考古研究所	《沙漠王子遗宝》
21	绞缬缘刺绣残片	印度新德里国家博物馆	『シルクロードの染織—スタイン・コレクション　ニューデリー国立博物館蔵』
22	夔纹锦	新疆维吾尔自治区博物馆	《丝绸之路——汉唐织物》
23	树叶纹锦	新疆维吾尔自治区博物馆	《吐鲁番地域与出土绢织物》
24	带钩纹锦	俄罗斯艾尔米塔什博物馆	《中国丝绸通史》
25	刺绣残片	俄罗斯艾尔米塔什博物馆	中国丝绸博物馆《丝路岁月：大时代下的小故事》展览图录
26	山石双禽树纹锦	俄罗斯艾尔米塔什博物馆	中国丝绸博物馆《丝路岁月：大时代下的小故事》展览图录

续表

图序	图片名称	收藏地	来源
27	四兽团窠杯纹绮	不详	*Die Textilien aus Palmyra: Neue und alter Funde*
28	"明"字锦	不详	*Die Textilien aus Palmyra: Neue und alter Funde*
29	平纹经锦结构		本书作者绘制
30	平纹纬锦结构		本书作者绘制
31	平纹地斜纹花绮结构		本书作者绘制
32	汉式绮结构		本书作者绘制
33	卷云纹印花纱	湖南省博物馆	《织绣珍品——图说中国丝绸艺术史》
34	紫色绞缬上衣及其局部	甘肃省文物考古研究所	《锦程：中国丝绸与丝绸之路》
35	绞缬绢	新疆维吾尔自治区博物馆	《丝绸之路——汉唐织物》
36	蜡缬棉布	新疆维吾尔自治区博物馆	《中国历代染织绣图录》
37	蜡缬毛布	新疆维吾尔自治区博物馆	《丝绸之路——汉唐织物》
38	蜡缬绢	新疆维吾尔自治区博物馆	《丝绸之路——汉唐织物》
39	泥块上的锁绣痕迹	宝鸡市博物馆	《中国美术全集 工艺美术编 6 印染织绣（上）》
40	锁绣残片	大英博物馆	本书作者拍摄
41	刺绣云纹粉袋	新疆维吾尔自治区博物馆	《丝绸之路——汉唐织物》
42	方形刺绣	瑞典东方博物馆	*Investigation of Silk from Ed-sen-gol and Lop-nor*
43	刺绣说法图	敦煌研究院	《敦煌丝绸艺术全集·敦煌研究院卷》

图序	图片名称	收藏地	来源
44	锁针绣（上）与劈针绣（下）		本书作者绘制
45	方格纹绣靴	中国丝绸博物馆	《中国古代丝绸设计素材图系·汉唐卷》
46	"安乐绣文大宜子孙"锦图案复原	新疆文物考古研究所	《中国古代丝绸设计素材图系·汉唐卷》
47	"中国大昌四夷服诛南羌"锦图案复原	柯岑基金会	《中国古代丝绸设计素材图系·汉唐卷》
48	人物禽兽纹锦图案复原	新疆文物考古研究所	《中国古代丝绸设计素材图系·汉唐卷》
49	"世毋极锦宜二亲传子孙"锦图案复原	新疆文物考古研究所	《中国古代丝绸设计素材图系·汉唐卷》
50	汉晋云气纹锦中的动物和人物		本书作者绘制
51	"王侯合昏千秋万代宜子孙"锦图案复原	新疆文物考古研究所	《中国古代丝绸设计素材图系·汉唐卷》
52	"五星出东方利中国"锦图案复原	新疆文物考古研究所	《中国古代丝绸设计素材图系·汉唐卷》
53	长寿绣	湖南省博物馆	《中国美术全集 工艺美术编 6 印染织绣（上）》
54	乘云绣	湖南省博物馆	《中国美术全集 工艺美术编 6 印染织绣（上）》
55	信期绣	湖南省博物馆	《中国美术全集 工艺美术编 6 印染织绣（上）》

续表

图序	图片名称	收藏地	来源
56	云纹绣	俄罗斯艾尔米塔什博物馆	中国丝绸博物馆《丝路岁月：大时代下的小故事》展览图录
57	云气纹绣图案复原	甘肃省博物馆	《中国古代丝绸设计素材图系·汉唐卷》
58	星云纹刺绣图案复原	甘肃省文物考古研究所	《中国古代丝绸设计素材图系·汉唐卷》
59	鸟兽纹锦枕	新疆维吾尔自治区博物馆	《中国新疆山普拉——古代于阗文明的揭示与研究》
60	兽面纹锦	新疆文物考古研究所	《丝路之绸：起源、传播与交流》
61	兽面纹锦图案复原		《中国古代丝绸设计素材图系·汉唐卷》
62	合蠡纹锦	新疆维吾尔自治区博物馆	本书作者拍摄
63	兽面杯纹绮图案复原	新疆维吾尔自治区博物馆	《从中国到罗马——帕尔米拉出土丝绸图案体现的艺术交流》
64	兽面几何纹绮图案复原	不详	《从中国到罗马——帕尔米拉出土丝绸图案体现的艺术交流》
65	菱格兽面纹绮图案复原	不详	《从中国到罗马——帕尔米拉出土丝绸图案体现的艺术交流》
66	连璧兽纹锦图案复原	柯岑基金会	《中国古代丝绸设计素材图系·汉唐卷》
67	环璧兽面纹锦	新疆文物考古研究所	《丝路之绸：起源、传播与交流》
68	连璧对龙纹锦	不详	*From China to Palmyra: the Value oF Silk*
69	双头鸟纹绣	新疆维吾尔自治区博物馆	《扎滚鲁克纺织珍宝》

图序	图片名称	收藏地	来源
70	双头鸟纹绣	新疆维吾尔自治区博物馆	《中国历代织染绣图录》
71	双头鸟纹绣图案复原	甘肃省文物考古研究所	《中国古代丝绸设计素材图系·汉唐卷》
72	鱼蛙纹锦图案复原	新疆文物考古研究所	《中国古代丝绸设计素材图系·汉唐卷》
73	双鱼纹锦	俄罗斯艾尔米塔什博物馆	*Excavations in Northern Mongolia (1924-1925)*
74	交龙纹锦	新疆维吾尔自治区博物馆	《扎滚鲁克纺织珍宝》
75	带钩纹锦图案复原	俄罗斯艾尔米塔什博物馆	《中国古代丝绸设计素材图系·汉唐卷》
76	茱萸纹锦	湖南省博物馆	《中国美术全集 工艺美术编 6 印染织绣（上）》
77	树叶纹缂毛毯	新疆维吾尔自治区博物馆	《中国新疆山普拉——古代于阗文明的揭示与研究》
78	方格四叶纹锦	新疆维吾尔自治区博物馆	本书作者拍摄
79	埃及丝织物上的树叶纹	法国里昂纺织博物馆	*Antinoé à la vie, à la mode: Visions d'élégance dans les solitudes*
80	树叶纹锦	新疆维吾尔自治区博物馆	《吐鲁番地域与出土绢织物》
81	葡萄人物纹毛罽	新疆维吾尔自治区博物馆	《中国美术全集 工艺美术编 6 印染织绣（上）》
82	葡萄纹绮图案复原	新疆维吾尔自治区博物馆	《从中国到罗马——帕尔米拉出土丝绸图案体现的艺术交流》
83	葡萄纹绣片	新疆维吾尔自治区博物馆	《丝绸之路——汉唐织物》

续表

图序	图片名称	收藏地	来源
84	葡萄纹绣片	新疆维吾尔自治区博物馆	《扎滚鲁克纺织珍宝》
85	"王侯"动物纹锦	西藏阿里地区噶尔县故如甲寺	首都博物馆网站
86	列堞禽兽纹锦	新疆维吾尔自治区博物馆	《吐鲁番地域与出土绢织物》
87	列堞禽兽纹锦	大英博物馆	《敦煌丝绸艺术全集·英藏卷》
88	云纹漆耳杯	湖南省博物馆	湖南省博物馆官网
89	杯纹罗	湖南省博物馆	《织绣珍品——图说中国丝绸艺术史》
90	几何纹锦	俄罗斯艾尔米塔什博物馆	中国丝绸博物馆《丝路岁月:大时代下的小故事》展览图录
91	四兽团窠杯纹绮图案复原	不详	《从中国到罗马——帕尔米拉出土丝绸图案体现的艺术交流》
92	菱格对鸟对兽纹绮	不详	*Die Textilien aus Palmyra: Neue und alter Funde*
93	波纹锦	新疆文物考古研究所	《中国历代织染绣图录》
94	孔雀纹锦	湖南省博物馆	《中国丝绸通史》
95	斑纹锦袋	新疆文物考古研究所	《沙漠王子遗宝》
96	龟甲纹锦	新疆维吾尔自治区博物馆	本书作者拍摄
97	龟甲对鸟纹绮	中国丝绸博物馆	《锦上胡风:丝绸之路纺织品上的西方影响(4—8世纪)》
98	"吉"字锦	新疆维吾尔自治区博物馆	《新疆文物》
99	菱纹锦	俄罗斯艾尔米塔什博物馆	俄罗斯艾尔米塔什博物馆网站
100	菱格纹锦袜	新疆维吾尔自治区博物馆	《丝绸之路——汉唐织物》
101	菱格纹头巾	新疆文物考古研究所	《丝路之绸:起源、传播与交流》

图序	图片名称	收藏地	来源
102	绞缬绢衣	中国丝绸博物馆	《锦程：中国丝绸与丝绸之路》
103	方格瑞兽纹锦	新疆维吾尔自治区博物馆	《丝绸之路——汉唐织物》
104	山石狮纹锦	贺祈思（Chris Hall）藏	*Celestial Silks: Chinese Religious & Court Textiles*
105	狮象莲花纹锦	贺祈思（Chris Hall）藏	《锦上胡风：丝绸之路纺织品上的西方影响（4—8世纪）》
106	"胡王"锦	新疆维吾尔自治区博物馆	《吐鲁番地域与出土绢织物》
107	"胡王"锦	新疆维吾尔自治区博物馆	《中国美术全集　工艺美术编　6　印染织绣（上）》
108	对狮对象胡人牵驼纹锦	丹麦戴维德藏品	丹麦戴维德博物馆官网
109	对羊纹锦	新疆维吾尔自治区博物馆	《吐鲁番地域与出土绢织物》
110	对鸟对羊灯树纹锦	新疆维吾尔自治区博物馆	《中国古代丝绸设计素材图系·汉唐卷》
111	联珠"贵"字对孔雀纹锦图案复原	新疆维吾尔自治区博物馆	《中国古代丝绸设计素材图系·汉唐卷》
112	联珠孔雀纹锦	新疆维吾尔自治区博物馆	《吐鲁番地域与出土绢织物》
113	人物建筑纹锦	贺祈思（Chris Hall）藏	《锦上胡风：丝绸之路纺织品上的西方影响（4—8世纪）》
114	对波楼堞兽面纹锦（局部）	青海文物考古研究所	《纺织考古新发现》
115	云珠太阳神锦	青海文物考古研究所	《纺织考古新发现》
116	云珠狩猎太阳神锦	新疆维吾尔自治区博物馆	《吐鲁番地域与出土绢织物》
117	舞人动物纹锦	荆州博物馆	《织绣珍品——图说中国丝绸艺术史》

续表

图序	图片名称	收藏地	来源
118	"王侯合昏千秋万代宜子孙"锦云纹骨架	新疆维吾尔自治区博物馆	本书作者绘制
119	"五星出东方利中国"锦云纹骨架	新疆维吾尔自治区博物馆	本书作者绘制
120	菱格动物兽面纹绮图案单元排列		本书作者绘制
121	北朝丝绸上常见的骨架排列方式		本书作者绘制
122	联珠对饮对坐纹锦	中国丝绸博物馆	《中国古代丝绸设计素材图系·汉唐卷》
123	联珠孔雀纹锦图案复原及图案排列	新疆维吾尔自治区博物馆	《中国古代丝绸设计素材图系·汉唐卷》
124	菱格曲线纹锦	新疆维吾尔自治区博物馆	《扎滚鲁克纺织珍宝》
125	套环"贵"字纹绮图案复原	新疆维吾尔自治区博物馆	《中国古代丝绸设计素材图系·汉唐卷》
126	套环鸟兽绮图案复原	中国丝绸博物馆	本书作者绘制
127	鹰蛇飞人罽	瑞士阿贝格基金会纺织品研究中心	瑞士阿贝格基金会纺织品研究中心网站
128	对狮对象胡人牵驼锦	中国丝绸博物馆	《锦上胡风：丝绸之路纺织品上的西方影响（4—8世纪）》
129	龟背纹绮图案复原	新疆维吾尔自治区博物馆	《中国古代丝绸设计素材图系·汉唐卷》
130	狮鹿纹锦图案复原	中国丝绸博物馆	《中国古代丝绸设计素材图系·汉唐卷》
131	云气纹绣及其图案排列	甘肃省博物馆	《丝路之绸：起源、传播与交流》

图序	图片名称	收藏地	来源
132	团花纹绣片	中国丝绸博物馆	《中国古代丝绸设计素材图系·汉唐卷》
133	忍冬纹绣边饰及图案排列	敦煌研究院	《敦煌丝绸艺术全集·敦煌研究院卷》
134	刺绣接袖	中国丝绸博物馆	《中国古代丝绸设计素材图系·汉唐卷》
135	鸟兽纹刺绣针衣	新疆维吾尔自治区博物馆	《丝绸之路织染绣服饰研究·新疆段卷》
136	花卉纹绣片	印度新德里国家博物馆	『シルクロードの染織—スタイン・コレクション ニューデリー国立博物館蔵』

注:

1. 正文中的文物或其复原图片,图注一般包含文物名称,并说明文物所属时期和文物出土地/发现地信息。部分图注可能含有更为详细的说明文字。

2. "图片来源"表中的"图序"和"图片名称"与正文中的图序和图片名称对应,不包含正文图注中的说明文字。

3. "图片来源"表中的"收藏地"为正文中的文物或其复原图片对应的文物收藏地。

4. "图片来源"表中的"来源"指图片的出处,如出自图书或文章,则只写其标题,具体信息见"参考文献";如出自机构,则写出机构名称。

5. 本作品中文物图片版权归各收藏机构/个人所有;复原图根据文物图绘制而成,如无特殊说明,则版权归绘图者所有。

　　本书是 2013 年度的国家科技支撑计划课题"中国丝绸文物分析与设计素材再造关键技术研究与应用"的后续成果。汉代至魏晋南北朝时期的丝绸主要出土自丝绸之路沿线，笔者十多年前开始关注丝绸之路沿线出土的纺织品并数次前往新疆、甘肃等地考察和研究中国西北地区出土的丝绸服饰，也前往国外集中收藏中国古代丝绸文物的博物馆进行研究。2020 年，笔者出版了《丝绸之路织染绣服饰研究·新疆段卷》，该著作与之前出版的《中国古代丝绸设计素材图系·汉唐卷》为本书的撰写打下了良好的基础。在此，笔者感谢课题组成员和各丝绸文物收藏、研究机构的专家学者对笔者研究的支持和帮助。

　　丝绸是中国古代最为重要的发明创造之一，距今已有五千多年的历史。作为工艺美术的一个重要门类，丝绸图案不仅反映了同时期文化和艺术风貌，还与织造技术、刺绣技法和印染工艺密切相关。本书介绍了汉朝至魏晋南北朝时期的丝绸，在介绍丝绸考古发现和品种的基础上，着重于丝绸艺术，尤其是图案主题，试图勾勒出这一时期丝绸艺术发展的脉络，阐释丝绸之路文化、艺术交流对这一时期丝绸图案设计的影响，展现中国传统丝绸艺术的魅力。

王 乐

2021 年 3 月

图书在版编目（CIP）数据

　　中国历代丝绸艺术. 汉魏 / 赵丰总主编 ；王乐著. —
杭州 ：浙江大学出版社，2021.6（2023.5重印）
　　ISBN 978-7-308-21392-9

　　Ⅰ. ①中… Ⅱ. ①赵… ②王… Ⅲ. ①丝绸－文化史－
中国－汉代-魏晋南北朝时代 Ⅳ. ①TS14-092

　　中国版本图书馆CIP数据核字（2021）第094928号

中国历代丝绸艺术·汉魏

赵　丰　总主编　　王　乐　著

丛书策划　张　琛
丛书主持　包灵灵
责任编辑　田　慧
责任校对　董　唯　徐　旸
封面设计　程　晨
出版发行　浙江大学出版社
　　　　　　（杭州市天目山路148号　　邮政编码　310007）
　　　　　　（网址：http://www.zjupress.com）
排　　版　杭州林智广告有限公司
印　　刷　杭州宏雅印刷有限公司
开　　本　889mm×1194mm　1/24
印　　张　7
字　　数　120千
版 印 次　2021年6月第1版　2023年5月第3次印刷
书　　号　ISBN 978-7-308-21392-9
定　　价　88.00元
